エールフランス航空のコンコルド
（写真提供：エールフランス航空）

JR西日本・500系900番代「WIN350」
（撮影：高松大典）

ランボルギーニ・カウンタックLP400
(写真提供：アウトモビリ ランボルギーニ)

最速伝説——20世紀の挑戦者たち

新幹線・コンコルド・カウンタック

森口将之
Moriguchi Masayuki

交通新聞社新書 028

はじめに

20世紀は乗り物の世紀であり、スピードの世紀であった。

鉄道は19世紀はじめにイギリスで生まれた。しかし20世紀に入っても、動力源は当初と同じ蒸気機関が主力であり、最高速度が100km/hを超えることはなかった。それが100年後には新幹線などの手で、300km/hでの営業運転実施にまで発展している。

一方、自動車の世界では、19世紀末にはドイツやフランスの企業によってガソリン車が実用化されたばかりだったが、20世紀末には同じメカニズムで走る乗り物が、300km/h以上の最高速度を豪語するまでになった。

さらに上をいくのが飛行機で、アメリカのライト兄弟が自作の機体で大空を舞ったのは1903年と20世紀に入ってからなのに、1970年代には音速の2倍で飛ぶ旅客機が営業運航を始めている。

ところでこの3つの歴史には、少しずつ記録が塗り替えられていったわけではないという共通項がある。それまでの常識を破るエポックメイキングな乗り物が登場したことで、技術水準が一気にジャンプアップしている。しかもそれらが１９６０年代初めから70年代初めにかけての、日本では高度経済成長時代と呼ばれた時期に揃って登場している点でも、一致しているのである。

日本の新幹線、イギリスとフランスが共同開発をしたコンコルド、イタリアのランボルギーニ「カウンタック」がそれである。

東海道新幹線は１９５９年に着工し、５年後の１９６４年に開業した。１６０㎞／hあたりが限界といわれてきた鉄道において、２００㎞／hの壁を突破し、２１０㎞／hの営業運転を始めることに成功した。

イギリスとフランスがコンコルドの共同開発に調印したのはこの2年前のことだ。開発は難航し、さまざまな障壁に悩まされつつ、１９７６年に営業運航を開始している。

自動車会社ランボルギーニが創立したのは、コンコルド共同開発調印の翌年、１９６３年である。そしてカウンタックは１９７１年、市販車では前例のない３００㎞／hの最高速度とともに発表された。

強力なライバルが存在したことも、3つの分野に共通する。新幹線にはその後フランスのTGVが対抗し、コンコルドに対してはソ連のツポレフ「Ｔｕ‐１４４」が立ちはだかった。カウンタックを生み出したランボルギーニはそもそも、フェラーリを超えるスポーツカーを作るという野望から生まれた。

しかも、新幹線の設計には第2次世界大戦中に軍用機を設計した技術者が関与しており、フェラーリのデザインで有名なピニンファリーナはイタリアの高速鉄道車両の造形も手がけるなど、3本の系譜は独立して進行したわけではなく、随所でコラボレーションが行なわれているという事実もある。

大気汚染や騒音問題、さらにはオイルショックと、さまざまな難問に直面しつつ、それらの課題を乗り越え、少なくとも20世紀末まで現役を続けたという点においても、3つの乗り物は共通している。

鉄道好きは自動車好きでもあり、自動車好きは飛行機好きでもあると、よくいわれる。私もそのひとりである。主に自動車の分野で活動するジャーナリストであるが、鉄道にも飛行機にも興味を持ってきた。

ここまで書いてきた史実も、ある程度は知識として頭の中にあった。それゆえに、3つのストーリーを従来のように鉄道、飛行機、自動車の各分野ごとに分けて解説するのではなく、ひとつの流れとして紹介していきたいという想いを抱くようになった。

活躍の場所は違う。しかしながら、最速という同じ目的へ向けて、同じ時代に進化を続けていったという趣旨はまったく共通しているのだから。

今は21世紀である。スピードが正義の時代ではなくなりつつある。だからこそ、過ぎ去りつつある「最速に賭けた半世紀」を、人類が築き上げた科学技術の歴史の一ページとして、まとめておきたいという思いに至ったのである。

最速伝説——20世紀の挑戦者たち——目次

はじめに……7

第1章　人はいつスピードに目覚めたか……17

世界初の乗り物競走の勝者は？…18
史上初の100km／hは電気自動車が達成した…21
ライト兄弟とルマンの意外な結びつき…25　トレビシックは日本でも功績を残した…29
世界初の200km／hカーは何か…33　空の世界に進出した自動車会社…38
プロペラを回して走る鉄道車両があった…42
新幹線という言葉は戦前から存在した…45

第2章　王者がいたから挑戦者がいた　1950年代……51

鉄道記念日は超音速記念日でもある…52　新幹線＝超特急ではなかった…56
ランボルギーニとホンダの共通点…60　ロマンスカーと新幹線の接点とは？…64
世界初のスーパーカーはメルセデス・ベンツか…68　英国航空業界を襲った悲劇…72
ひとつの講演会が新幹線の流れを確立した…76
コンコルド以前にも英仏協力はあった…79

第3章 敗戦国が仕掛けた2つの革命 1960年代……85
東京駅・新大阪駅が決まった理由…86 ランボルギーニ、自動車に参入する…90
「コンコルド」の名付け親は誰か…94 開業前に新幹線の線路を走った列車とは…98
英仏共同開発がもたらした弊害…102
「ひかり」の所要時間が3時間10分になった理由…106
ミウラはレーシングカーとして生まれる予定だった…111
ケネディの野望とコンコルドスキー…115

第4章 環境問題と石油危機に対峙する 1970年代……121
ミウラの反省から生まれたカウンタック…122 米国がSSTから撤退した理由…125
東海道の経験を生かした山陽新幹線…130
王者が送った挑戦者ベルリネッタ・ボクサー…134
コンコルドスキーの悲劇とコンコルドの悲願…138
TGV第1号はガスタービン車だった…142
カウンタックはなぜ市販まで3年かかったのか…146

裁判になったニューヨーク就航…151

第5章 現実になった300km／h走行 1980年代……157

またも消滅の危機に直面したコンコルド…158
コンコルドの国が生んだ高速鉄道TGV…161
新たなライバル、テスタロッサに対峙する…166
コンコルドの借りをエアバスで返した欧州連合…170
東北・上越新幹線に立ちはだかった難関とは…173
ポルシェ959とフェラーリF40の衝撃…177　スペースシャトルはSSTか?……181
新幹線より先に300km／h営業運転を実現したのは…185
アメリカの手に渡ったランボルギーニ…189

第6章 新世紀を視野に入れた世代交代 1990年代……195

3つに分かれたカウンタックの遺伝子…196　アウトバーンの国の新幹線…200
世界一周記録に挑んだコンコルド…204　ミニ新幹線と2階建て新幹線…208
エアバスの伸張、ボーイングの秘策…212

ディアブロはバリューフォーマネーだった…216
高速鉄道で復活した英仏連合…220
ドイツの買収攻勢を受け入れたランボルギーニ…224
スーパーカー的新幹線、500系…228

第7章 グローバル化が進む超高速の世界 2000年代……233
パリの空に散ったコンコルド…234 新幹線に近づくICE…238
新型ランボルギーニに立ちはだかった強敵…243
コンコルドに続き0系も引退へ…247
ブガッティとアウディの狭間で…251 日本が誇るもうひとつの「はやぶさ」…255
日本製SSTは実現するか…259 ランボルギーニの未来は…263
新幹線は国際競争に勝てるか…267

おわりに……272
主な参考文献……276

第1章 人はいつスピードに目覚めたか

世界初の乗り物競走の勝者は？

世界初の乗り物による競走はいつ、何を使い、どんな形態で行なわれたのか。おそらく1829年の出来事が、その称号にふさわしいのではないかと思う。

この年イギリスでは、4年前に開業した世界初の鉄道路線ストックトン～ダーリントン間に続く、リバプール～マンチェスター間の開通を翌年に控えていた。初めての都市間鉄道といわれたこの路線で使用する機関車を決めるために試走会が開かれ、賞金500ポンドが用意されたのである。試走会には1万人以上の観衆が集まったという。19世紀の前半という時期に、人々はすでにスピードに魅せられていたことになる。しかし競走は成立しなかった。4台中3台にトラブルが発生して満足に動かなかったのである。

優勝した機関車は、ジョージとロバートのスティーブンソン親子が製作した「ロケット号」だった。ロケット号は走行距離や牽引重量の規定をクリアしただけでなく、50km／h近い最高速度でトラブルなく走行を続けたのである。ただし、日本でスティーブンソンを紹介するときに使われる「蒸気機関車の父」という形容詞は、誤りである。その前に蒸気で走る車両を製作した者は何人も存在する。さらにいえば、同じイギリスのジェームス・ワットを「蒸気機関の父」とする主張も正しいとはいえない。

蒸気がエネルギーを持つことは、いまから２０００年前の古代ギリシャ時代には判明していた。これを運動エネルギーに転換しようという試みが始まったのは17世紀終わりから18世紀初めの頃で、フランスのドゥニ・パパンやイギリスのトーマス・サベリー、トーマス・ニューコメンが、蒸気エネルギーを使ったポンプを開発した。

ワットが蒸気機関を製作したのは、その後１７６５年になってからである。ただしそれは、効率という面で従来の機関とは一線を画していた。垂直に配したシリンダー（ピストンが往復する円筒）の下から蒸気を送り込み、その蒸気が冷えて凝縮するときの体積変化を利用してピストンを引き下げるという原理は、ニューコメンとワットの蒸気機関に共通する。しかしニューコメンの機関は、凝縮を誘発するために水をシリンダー内に注入する構造を採用しており、一度熱されたシリンダーが冷やされることから、熱効率の点で不利だった。ワットの機関では、ピストンを押し上げた蒸気を復水器に導き、この復水器を冷却した。シリンダーは高温のままなので熱効率は高まった。しかもピストン下側が真空に近くなるので、運動エネルギーも増加していた。ゆえにさまざまな業種で使われ、産業革命の原動力と称されるようになったのである。

レールの上を走る車両が生まれたのは、それから約40年が経過した１８０４年のことだった。

鉱山や製鉄所で蒸気機関を開発していたイギリス人リチャード・トレビシックが開発した「ペナダレン号」が、人間と鉄を載せた車両を牽引し、馬車鉄道用レールを走った。これが蒸気機関車誕生の瞬間である。

炭鉱技師のジョージ・スティーブンソンが、石炭運搬のための蒸気機関車「ブレッチャー号」を走らせたのは、その5年後だった。ではなぜ彼が「父」と呼ばれるようになったのか。それは前述の競技会に勝ったことよりも、鉄道という「システム」全体の開発に関わったことが大きい。ストックトン〜ダーリントン間に敷設された世界初の鉄道で、スティーブンソンは技師長に起用された。彼は息子のロバートとともに、予算編成から土地調査まであらゆる業務をこなしたうえに、「ロコモーション号」と名付けた新型機関車も製作した。ロコモーション号の最高速度は約20㎞／hだったという。

そんなスティーブンソン親子に、次なる仕事の依頼が舞い込だのは開業の前年だった。それが最初に紹介したリバプール〜マンチェスター間鉄道の建設技術顧問だった。彼らとしては、今回も自分たちの機関車が順当に採用されると思っていたかもしれない。ところが、選定は試走会で行なうことになった。自分たちが敷設に関与した鉄道に、他人が作った機関車が走ることを、スティーブンソンが快く思わなかったのは当然である。その気持ちがロケット号の高性能と信頼性を生んだのではないだろうか。

史上初の100㎞／hは電気自動車が達成した

機関車を発明したのがリチャード・トレビシックなら、自動車を発明したのはドイツ人ゴットリープ・ダイムラーとカール・ベンツ。多くの人はこう認識しているかもしれないが、それは正しい考え方とはいえない。

ガソリンエンジン車より前に、蒸気機関で動く自動車が生まれていた。しかもそれは蒸気機関車よりも前に、イギリスではなくフランスで走っている。

陸軍技術大尉のニコラ・ジョセフ・キュニョーが1769年から71年にかけて、前1輪、後2輪の3輪車の先頭にボイラーを据え付けた自動車を2台製作した。改良型の2号車には「ファルディエ」という愛称が付けられていた。キュニョーの自動車は大砲運搬用として設計されたために、前が極端に重い設計となっていた。そのためファルディエは試運転で9㎞／hを出したものの、ハンドルを切ることができないまま壁に衝突。世界初の自動車は、世界初の交通事故を引き起こすという不名誉な記録も作ってしまった。しかもこの間、開発を指示した大臣が失脚し、実戦で使われないまま放置されてしまう。世界初の自動車らしからぬ不運に苛まれたのであった。

キュニョーの蒸気自動車（模型・トヨタ博物館所蔵）

その後約1世紀にわたり、蒸気自動車は忘れ去られた存在になってしまう。しかし19世紀後半になると、同じフランスのアメデ・ボレーやアルベール・ドディオンといった人物が複数の車両を製作し、販売するようになった。

対照的だったのが蒸気機関車生誕の地イギリスだった。既得権益が脅かされるという危惧を抱いた馬車業者が、政治力を駆使し、自動車の最高速度を郊外で時速4マイル（約6・4㎞／h）、市街地で時速2マイル（約3・2㎞／h）に制限し、車両の前に赤旗を持った人間を歩かせて注意を促すという法律を作ったのである。1865年に施行されたこれこそ、悪名高い「赤旗法」である。ロケット号が疾走した試走会とは対照的な施策であるが、ともあれイギリスの自動車産業はこれによって大きく遅れをとってしまった。

同じ頃フランスでは、蒸気機関に代わる動力源の研究が進んでいた。主役は電気機械の発明家だったジャン・ジョセフ・エティエンヌ・ルノワールで、照明や暖房に使われていた石炭ガスをシリンダー内で燃焼させる機関を１８６０年に完成させると、３年後にこれを動力とした自動車を完成させた。

電気自動車もこの時期に誕生している。それ以前にも電気で走行する車両はあったが、充電が不可能という致命的な欠点があった。しかし１８６５年にフランス人ガストン・プランテが充電可能な鉛電池を発明すると、８年後にイギリス人ロバート・ダビッドソンがこれを使った車両を製作したのである。

ガソリン車の登場はこれより少し前、１８７０年のことである。しかしこのときの開発者はダイムラーとベンツではない。ユダヤ系オーストリア人発明家、ジークフリート・サミュエル・マルクスの手で生まれた。ダイムラーが後輩のウィルヘルム・マイバッハとともにガソリン車を完成させたのは16年後である。奇しくも同じ年、ドイツの別の場所で研究を進めていたベンツも３輪ガソリン自動車を製作している。

ではなぜ今日、ダイムラーとベンツがガソリン自動車の父と呼ばれるのか。マルクスの車両がエンジンを台車に載せただけの実験車然とした姿だったのに対し、ダイムラーやベンツの自動車はシートやハンドルを備えた実用的な内容を持っていたことが大きい。ただしガソリン自動車の特許はベンツによって取得されており、ダイムラーの併記には疑問が残るところでもある。

ともあれガソリン自動車の開発ではドイツが先行したが、フランスはすぐ後を追った。1890年にルネ・パナールとエミール・ルバッソールが共同で設立したパナール・ルバッソール社がダイムラーのパテントを取得してガソリンエンジンの製作を行ない、同社と、アルマン・プジョーが興したプジョー社がこのエンジンを使い、自動車作りに乗り出したのである。

この両社が4年後に参加したのが、パリをスタートし、公道を使って128km離れたルーアンを目指す、世界最初の自動車レースだった。このレースには蒸気や電気など、さまざまな動力源の自動車が集まり、異種格闘技のような様相だった。しかし長距離を安定して走行できるのは蒸気自動車とガソリン自動車だけであり、決勝はこの2種類で争われた。

しかもこのレースは速さだけを競うものではなく、経済性や快適性も裁定の対象という、競技会と呼んだほうがふさわしい内容だった。よって平均速度19km/hで最速だったドディオンの蒸気自動車は、助手が必要ということで優勝ではなく、パナールとプジョーが勝利を分け合う結果になった。

翌年にはパリ～ボルドー間往復1200kmという長距離レースも行なわれた。このときはパナールが平均速度25km/hで最速だったものの、2人乗りだったことから2位に下げられ、4人乗りのプジョーが優勝している。

当時、短距離のスピードは電気自動車が最速だった。1899年にベルギー人カミーユ・ジェナツィが製作した速度記録専用車は105・9km/hと、初めて100km/hの壁を超えた乗り物になっている。しかし充電時間が長く、一充電での走行距離が短いという欠点は今も昔も同じであり、パリを起点とした2度のレースでガソリンエンジンが勝利を獲得したこともあり、自動車の主役はガソリン車に傾いていったのである。

ライト兄弟とルマンの意外な結びつき

航空機と飛行機。この2つの単語が同じ意味だと思っている人もいるようだが、実際には大きな違いがある。

航空機とは空中で進むことが可能な乗り物全般を指すのに対し、飛行機はエンジンやモーターなど自らの力で飛ぶことができる乗り物のことをいう。つまり航空機には気球や飛行船、グライダーが含まれており、飛行機もその一種類になる。自転車などが含まれる道路交通法上の「車両」に似た位置づけかもしれない。

この定義に基づけば、世界初の航空機は、1783年にフランスのジョセフ・ミシェルとジャック・エティエンヌのモンゴルフィエ兄弟が世界初の有人飛行を行なった熱気球になる。

その後1852年には同国のアンリ・ジファールが、蒸気機関を搭載した飛行船で動力飛行を成し遂げ、翌年には現在「航空工学の父」と呼ばれているイギリスのジョージ・ケイリー卿がグライダーに御者を乗せ、100mの滑空を実現している。またドイツ人オットー・リリエンタールはハンググライダーで2000回以上の滑空を行ない、350mという記録を残した。

動力飛行に成功したとはいえ、ジファールの飛行船の最高速度は10㎞／h程度。ケイリー卿やリリエンタールも動力飛行を目指していたというが、重く出力の小さい蒸気機関では不可能であることも悟っていた。グライダーに蒸気機関を搭載し、離陸した者もいたが、それは飛行という より跳躍に近かった。

突破口を切り開いたのはガソリンエンジンだった。そしていち早くこれを飛行機と組み合わせたのが、ウィルバーとオービルのライト兄弟だった。アメリカで自転車の製造販売を行なっていた彼らは、1896年のリリエンタールの墜落死を契機に、飛行機の研究に没頭する。3年後には凧《たこ》を使った実験を始め、翌年以降グライダーの試作に入った。そして1903年に製作した自製ガソリンエンジン搭載の「フライヤー1号」で空を飛んだのである。このときの飛行距離は36mで、時間は12秒、最高速度は48㎞／hだったという。史上初の動力飛行機誕生の瞬間だった。注目すべきはエンジンで、3・3ℓ水冷直列4気筒の出力は12ps（馬力）にすぎないが、重量はわずか80kgしかなかった。現在の目で見ても軽量エンジンと呼べる内容である。

遅れること3年、ヨーロッパ初の飛行は、パリに住むブラジル人サントス・デュモンが自作した飛行機による２２０mの飛行によって成し遂げられた。滞空時間は約21秒であり、平均速度は41km/hだった。翌年、シャルルとカブリエルのボワザン兄弟の作った機体が、フランス航空クラブ公認の１km周回飛行に初めて成功し、たちまち同国の航空業界の主役になった。

そんなフランスを１９０８年に訪れたのが、ウィルバー・ライトだった。８月８日の２時間20分、１２６kmの初飛行を皮切りに、彼は１００回以上ヨーロッパの空を舞った。フランス製飛行機が自動車のように、機体を傾けず旋回する中、ライト兄弟の機体は主翼を捻《ひね》ることで現在の飛行機と同じように機体を傾けて旋回し、関係者に衝撃を与えたのである。

このウィルバー・ライトをフランスに招いたのは、蒸気自動車の項で紹介したアメデ・ボレーの息子レオン・ボレーだった。飛行機にも興味を抱いていた彼は、自身が住むルマンの郊外、当時試験飛行場としても使われていたユノディエール競馬場に招待したのだった。ルマンとはもちろん24時間自動車レースが開催されるあの街であり、ユノディエールは同レースにおける長い直線の名称になっている。競馬場は現在もこの直線の脇にあり、レオン・ボレーの名はサッカースタジアムなどに冠されている。自動車と飛行機の両分野で重要な都市なのである。

モノコック構造のドペルデュッサン

ウィルバー・ライトの公開飛行に影響されたのか、翌年フランス人ルイ・ブレリオが製作した「ブレリオ11」は機体を傾けて曲がる方式を取り入れ、最高速度は75km／hを記録。その性能を生かし、初めて英仏海峡横断に成功した。

さらに同じ1909年には陸上機を対象にしたゴードン・ベネット・トロフィー、2年後には水上機（飛行艇）を対象としたシュナイダー・トロフィーという、2つのレースが始まってもいる。

このうち陸上機レースで1913年、史上初めて200km／hを超えた飛行機が登場した。前年にも優勝を手にしたフランスの「ドペルデュッサン」が、この年203km／hを記録したのである。

同じ年の水上機レースにも勝ったドペルデュッサンは、骨組みと外皮を一体としたモノコック※1構造を持つ点でも史上初だった。モノコック構造は、今日では自動車にも一般的に使われる手法である。自動車とともに生まれ、飛行機の実用化に貢献したガソリンエンジンとは逆方向の技術供与といえる。

ただし200㎞／h達成は鉄道のほうが早く、ライト兄弟が大空を舞った年に実現している。1879年に電気機関車、その2年後に電車を発明したドイツ人ベルナー・フォン・シーメンスの電車が、マリエンフェルド〜ゾッセン間で、210㎞／hの最高速度を記録したのである。

自動車の世界では、その6年後の1909年、21・5ℓという大排気量から200psを出すエンジンを積んだベンツ社のレーシングカー「ブリッツェン（稲妻）ベンツ」が、イギリスのブルックランズ・サーキットで202㎞／hをマークしている。

トレビシックは日本でも功績を残した

ヨーロッパではまず自動車が生まれ、その後鉄道が走り始めたが、日本では先に鉄道が登場している。よく知られているように、1872年9月12日（太陰暦10月14日）に新橋〜横浜間が開通したのだった。自動車が日本に姿を見せたのは、それから四半世紀近くも後のことである。

いずれも国産ではなく、1号機関車はイギリスのバルカン・ファウンドリー製、自動車はフラ

国産初のガソリン車・タクリー号（模型・トヨタ博物館所蔵）

ンスのパナール・ルバッソール製だった。続いて1910年には飛行機が登場。ドイツのハンス・グラーデ機とフランスのアンリ・ファルマン機が持ち込まれ、いずれも東京の代々木練兵場、現在代々木公園がある場所で12月19日に初飛行を成功させている。

国産でも機関車がもっとも早く、1893年に生まれた蒸気機関車「860」が最初になる。設計を指揮したのはイギリス人のリチャード・フランシス・トレビシック。蒸気機関車の生みの親リチャード・トレビシックの孫である。彼は弟のフランシス・ヘンリー・トレビシックとともに来日し、鉄道技術の向上に大きく貢献した。それればかりか、兄弟ともに日本人女性と結婚してもいる。

自動車では1904年、山羽《やまは》虎夫が開発した蒸気機関で走るバスが第1号で、3年後には吉田眞太郎と内山駒之助が、アメリカのフォード製エンジンとフランスのダラック製シャシー[※2]をベースにガソリン車を生み出した。この第1号ガソリン車は「タクリー号」と呼ばれていた。「ガタクリ、ガタクリ」と音を立てて走ったためだという。蒸気自動車が比較的静かだったことに対する比喩だったのだろう。

続いて１９１１年５月５日、奈良原三次がフランスのノーム製エンジンを積んだ国産飛行機で高度４m、距離60mの飛行に成功する。舞台となったのは、埼玉県の陸軍所沢飛行場だった。日本初の飛行場だったここは、現在、航空記念公園に姿を変えている。

同じ年にはエンジンやシャシーを含めた純国産自動車を生産するための快進社自動車工場が設立され、１９１４年に「脱兎《だっと》号」を発表する。車名は快進社に出資していた田健次郎、青山禄郎、竹内明太郎３名の頭文字を組み合わせるとともに、スピード感を示す「脱兎の如く」の意味を含ませたものだった。最高速度は32㎞／ｈにすぎなかったが、この車両がその後ダットサンに進化し、快進社は合併吸収を繰り返して現在の日産自動車に発展するのである。しかし当時の日本で自動車を買って乗り回せる人はごく少数であり、大衆の足はもっぱら鉄道だった。

その鉄道では、早くも速度向上や車両の大型化が求められていた。原因は軌間（ゲージ＝レールの間隔）にあった。鉄道のゲージは主として狭軌、標準軌、広軌の３つに分けられるが、日本が導入したのは狭軌だった。わが国の鉄道は明治政府設立直後、イギリスから鉄道技師を招いて敷設が進められたのだが、ここでイギリス側は自国で使っている1435㎜の標準軌ではなく、1067㎜の狭軌を奨励した。数字が半端なのはヤード・ポンド法に基づいているからであって、標準軌は4フィート8インチ、狭軌は3フィート6インチである。ここでも鉄道がイギリス発祥の交通であることを教えられる。狭軌を勧めたのは、山の多い国土ゆえ路線が急カーブの連続になりがちであることに加え、当時の国情ではさしたる輸送力は必要ないという判断だった。線路の敷設が安価ですむことも理由のひとつだった。

現在、JR各線や多くの私鉄が採用している狭軌は、実に1世紀半近く前のイギリス人の助言が契機になっていたのである。しかし軌間が狭いと、走行安定性では不利になり、車両の幅も拡大しにくい。そこで1907年、日本電気鉄道という民間会社が、標準軌・電車方式で東京～大阪間を6時間で結ぶ鉄道の免許を申請する。当時東京～神戸間が、その後の特急に相当する「最急行」で13時間40分もかかっていた時代に、新幹線開業直前の電車特急「こだま」を凌ぐスピードを豪語したのである。

「民間鉄道は地方交通に専念すべし」という国の方針でこの計画は却下されるが、翌年、内閣において鉄道を統括する鉄道院という組織が誕生すると、初代総裁に就いた後藤新平が、東京～下関間について狭軌と標準軌の比較調査を指示した。翌年の鉄道会議で改軌が可決されると、1911年には内閣に準備委員会が設置される。海外の鉄道や都市事情にくわしい後藤は、一貫して標準軌を推進した。その下にあって計画を策定したのは、若くして「車両の神様」という異名をもらい、1913年に誕生した「9600」や翌年登場の「8620」など、後に名機と呼ばれる国産蒸気機関車の設計にかかわった島安次郎だった。

ところがその後は、内閣が変わるたびに委員会の解散と再設置を繰り返す。1917年には現在のJR横浜線町田〜橋本間で標準軌改築試験を行ない、成功裏に終了したのだが、2年後に原敬内閣が発足すると、鉄道院は再び手のひらを返すように改軌計画の中止を表明。代わりに電化の推進を発表した。もし計画が軌道に乗っていれば、新幹線はもっと早く生まれていたかもしれない。しかし当時は推進派と慎重派が政権交代を繰り返す状況であり、計画が進行するはずもなかった。鉄道院は1920年、鉄道省に昇格しているが、その後は改軌議論そのものが消滅してしまった。

世界初の200㎞／hカーは何か

19世紀終わりにまずフランスで始まった自動車レースは、20世紀を迎えると国際的なイベントに発展する。その幕開けを飾ったのが1900年にスタートしたゴードン・ベネット・カップで、第1回はフランスで行なわれたが、2回目以降は前年の優勝者の国で開催されることになっていた。

28ページで、似たような名前の飛行機レースが存在したことを記した。主催者は共通で、アメリカの新聞社ニューヨーク・ヘラルドを創設したジェームス・ゴードン・ベネットだった。若い頃ヨットレースで活躍した彼は、ほかに1906年から気球のレースも手がけており、こちらは100年以上経過した現在も続いている。

同じ1906年にはイタリアのシチリア島で公道レースのタルガ・フローリオが始まり、ゴードン・ベネット・カップはフランス・グランプリに名を変える。仏語で「大賞」を意味するグランプリという言葉はここが起源で、その後各国で使われるようになり、それらを統括する形で1950年に始まったのがF1である。

しかし公道レースは大事故が頻発したこともあり、1907年には世界初のサーキットであるブルックランズが、飛行場とともにイギリスのウェイブリッジに作られ、2年後にはアメリカのインディアナポリスにスピードウェイが誕生。インディ500マイルレースが始まった。当時のレースで活躍したのは、「メルセデス」という名称を使うようになったダイムラー、パナール、プジョーのほか、19世紀末に創業したフランスのルノー、イタリアのフィアットなどだった。ただしグランプリやインディ５００はレース専用車による競技であり、市販車による公道レースを望む声も高まっていた。その結果１９２３年に始まったのがルマン24時間である。

当初、目覚ましい活躍を見せたのは、イギリスのベントレーだった。１９１９年に会社を設立したウォルター・オーウェン・ベントレーは、グレート・ノーザン鉄道の技師として働いたあと、レーシングカーのチューニングに携わり、第１次世界大戦中は飛行機エンジンの設計で有名になった。鉄道、自動車、航空すべてを経験したエンジニアだったのである。

その技術を生かして１９２１年に発表した最初のモデルが「３リッター」で、直列４気筒エンジンには70psの標準型のほか高性能版として「スピード」と「スーパースポーツ」があり、最後者では市販車初の時速１００マイル（約１６０km／h）超えを果たしている。

白洲次郎がロンドン留学中に所有していたことでも知られるベントレー３リッターは、その高性能を証明するようにルマンでは１９２４年と27年に優勝。さらに排気量を拡大した「４½リッター」が28年、６・５ℓ直列６気筒の「スピードシックス」が29、30年に勝利を獲得しており、４連覇を記録している。さらにレースでは活躍しなかったものの、１９２９年には４½リッターに[※3]スーパーチャージャーを装着した通称「ブロワー・ベントレー」が登場しており、最高出力１

ベントレー・4½リッター（トヨタ博物館所蔵）

75ps、最高速度209km/hをマークしていた。200km/hの壁をいち早く破った市販車の一台といえる。

この時期は高級車も多く存在した。極めつきがフランスのブガッティによって1929年に発表された「タイプ41ロワイヤル」で、13ℓもの排気量を持つ直列8気筒エンジンは300psを発揮し、ホイールベース[※4]だけでも4300mmある超大型の車体を200km/hまで運ぶとされた。これもまた世界に先駆けた200km/hカーの一台だったのである。

しかしこの年、世界大恐慌が勃発したことで、超高価なロワイヤルはたった6台しか作られず、ベントレーはロールス・ロイスに吸収されるなど、高級車やスポーツカーのメーカーは不振を蒙ることになる。その中で奮闘したのがイタリアのアルファ・ロメオだった。

１９３１年に登場した「８Ｃ２３００」は、その名のとおり２・３ℓ直列８気筒スーパーチャージャー付きから１４２psを出し、１７０km／hをマークした。日本では翌年、前にも紹介したダットサンの１号車10型が登場するが、そのエンジンは５００cc直列４気筒で10psしかなかった。アルファのようなスポーツカーなど、想像すらできない時代だった。

アルファ８Ｃ２３００の高性能ぶりを証明するエピソードとして、デビュー年からのルマン４連勝とともに語られるのが、本来は市販スポーツカーとして登場しながら、グランプリレーサー仕様の「モンツァ」を派生したことであろう。しかも１７８ps、２２５km／hという性能を誇るこのマシンには、後にスーパーカーの世界で不可欠となる人物が関わっていた。エンツォ・フェラーリである。エンツォはレーシングドライバーとしてアルファに入るが、もともとマネージメント能力に長けていたことから、その後１９２９年に自らのレーシングチーム「スクーデリア・フェラーリ」を結成し、グランプリレースに挑戦する。そのときのマシンが８Ｃ２３００モンツァだったのである。

その後アルファが資金難からレース活動を中止すると、スクーデリア・フェラーリが活動を引き継ぎ、ワークスチームとしてレースを戦った。このときの経験が第２次世界大戦後、自分の名を冠したスポーツカーとして花開き、ランボルギーニを生む素地となるのである。

空の世界に進出した自動車会社

世界初のエアラインは、ライト兄弟が飛行機を飛ばした7年後に早くも登場している。なぜここまで早く営業を開始できたのか。理由は飛行機ではなく、飛行船を用いていたからである。ドイツのツェッペリン飛行船の生みの親フェルディナント・フォン・ツェッペリン伯爵が1909年に設立したドイツ飛行船会社（DELAG）が、フランクフルト～デュッセルドルフ間の運航を始めたのだった。

飛行機を用いた初の航空会社は5年後の1914年1月1日、アメリカのフロリダ州で生まれた。船で2時間かかるセントピータース～タンパ間30㎞を約20分で結んだ、セントピータース・タンパ・エアポートラインである。料金はなんと重量制だった。体重100ポンド（約45・4㎏）以下が5ドル、それ以上は1ポンドごとに5％増しだった。しかしそれ以外の理由で、この航空会社は4カ月後に運航が休止されてしまった。使用したアメリカ製飛行艇「ベノイスト14」は旅客機ではないので乗客が1名しか乗れず、赤字が膨れ上がってしまったのである。

では世界初の旅客機はいつ生まれたか。こちらは後にヘリコプターで有名になるロシア人のイ

BMW製のタイプⅢA航空機エンジン

ゴール・イワノビッチ・シコルスキーが同じ1914年に送り出している。名前はロシアの英雄から取った「イリヤ・ムーロメッ」で、客室の後ろにはオープンデッキの展望台まであった。6月末からサンクトペテルブルク～キエフ間の旅客輸送を開始している。

第1次世界大戦が始まったのもこの年だった。ここで飛行機は初めて戦争に本格投入されることになり、各国で多くのメーカーが生まれた。ドイツでは機体を製造するフォッカーやユンカース、機関を手がけるBMWなどが出現し、ダイムラーとベンツは航空機エンジンにも関わった。イギリスでもブリストルやビッカースなど、多くの製造会社が誕生し、エンジン部門には1906年に設立された自動車会社ロールス・ロイスが参入してきた。ダイムラー&

ベンツとロールス・ロイスはこの時代から、自動車だけでなく飛行機エンジンでも有名な存在であり、ＢＭＷは自動車を作る前からダイムラーやベンツとのライバル関係を築いていたことになる。

ところがそれも束の間、４年後に終戦を迎えると、多くの軍用機は余剰となった。ここで発生した動きが、旅客機への転用である。大戦後初のエアラインは１９１９年2月5日に就航したルフトハンザ航空の前身ドイチェ・ルフト・レーデライで、偵察機を流用してベルリン〜ワイマール間を結んだ。3日後には１９０８年創業のフランスのファルマン製旅客機「Ｆ60」が、パリ〜ロンドン間を運航している。Ｆ60は世界で初めてキャビンを密閉式としていた点も画期的だった。ただし性能は大戦中の軍用機と同等で、最高速度は１６０㎞／ｈにすぎなかった。スピードでいえば、地上を走るレーシングカーより遅かったのである。

この時期、急速に旅客機が発展したのは、広い国土を持つアメリカだった。主役は地元のフォードだった。もちろん自動車ではない。フォードは１９２５年、飛行機メーカーのスタウト社を買収して空の世界に参入すると、翌年「４‐ＡＴトライモーター」を送り出していたからである。トライモーターとはエンジンを胴体に1基、左右の翼に各1基装着した3発機のことである。ただし性能のための3発ではなく、1基が停止しても安定した飛行をするための措置であり、巡航速度は１８０㎞／ｈにとどまっていた。

ライバルは、戦後に本拠地をそれまでのドイツから創業者アンソニー・フォッカーの母国オランダに移したフォッカーだった。同社はアメリカに子会社を設立し、現地生産まで行なった。ところがこの子会社は１９３０年、自動車メーカーＧＭ（ゼネラルモーターズ）に買収され、ゼネラルアビエーションと名を変える。つまりアメリカの二大自動車メーカーが、同時期に飛行機生産に関与していたことになる。

しかしこの状態は長続きせず、フォードは１９２９年勃発の世界大恐慌を契機に４年後飛行機から撤退し、同年、ゼネラルアビエーションも、やはりＧＭ傘下に入ったノースアメリカンに一本化されてしまった。

その後の米国機を支配したのは、ロッキード、ボーイング、ダグラスといった面々だった。彼らの武器は高速と収容力だった。きっかけとなったのは１９２７年に姿を見せたロッキード「ベガ」で、４人乗りの機体で巡航速度２５０㎞／ｈを記録した。６年後にデビューしたボーイング「２４７」は、それを10人乗り２６６㎞／ｈに引き上げる。しかし主役の座を得たのは翌１９３４年に登場した14人乗り、巡航速度３０５㎞／ｈのダグラス「ＤＣ‐２」で、フォードのトライモーターで27時間かかっていた大陸横断を17時間に短縮してしまった。

1937年には12人乗りのロッキード「14スーパーエレクトラ」が420㎞/hと当時の旅客機で最速を記録するが、ダグラスの優位は動かなかった。戦前製旅客機の最高傑作といわれた「DC-3」が前年に出現していたからである。最高速度では381㎞/hとロッキードには及ばなかったDC-3が人気を博したのは、3列21人乗りがもたらす経済性にあった。ただしこの乗客定員、当初からの想定ではなかった。DC-3は「DST（ダグラス・スリーパー・トランスポート）」という寝台飛行機として設計されたからである。離着陸時にシートベルト着用が義務づけられる現在では考えられないことだが、当時は長距離用飛行機や飛行艇に寝台が用意されていた。DSTもその一種として2段ベッドを2列置くために、DC-2より機体幅を広げた。よって3列シートが可能になったのである。DSTは大陸横断用として40機が作られたが、DC-3は軍用を含めて1万機以上が生産され、世界中で活躍した。飛行機業界における「棚からぼた餅」の典型例かもしれない。

プロペラを回して走る鉄道車両があった

当時の飛行機はガソリンエンジンでプロペラを回して飛ぶ、いわゆるレシプロ機だったが、1930年にはなんと鉄道でも、まったく同じ方式で推進力を得る速度記録車両がドイツで登場している。しかも名前は「シーネン（麗《うるわ》しの）ツェッペリン」と、飛行船を思わせるネーミングだった。ツェッペリン伯爵が開発に関わったわけではなく、設計者は航空機技術者のフランク・クルッケンベルクで、命名の理由は流線型のアルミ製車体が飛行船を思わせたためだった。当時、ツェッペリンは飛行船の代名詞だったのである。プロペラの駆動にはBMW製V型12気筒ガソリンエンジンが使われた。

シーネン・ツェッペリンは、最初のテストでいきなり182㎞／hを出すと、翌年ベルリン〜ハノーバー間で瞬間256㎞／h、10㎞平均で230㎞／hをマークした。当時の鉄道における世界記録であり、その後20年間も破られない偉大な数字だった。しかし露出したプロペラが危険なだけでなく、車両の増結が不可能な構造であり、しかも当時ドイツ国鉄が高速ディーゼルカー「フリーゲンダー・ハンブルガー（空飛ぶハンブルグ人）」を運行しようとしていたことから、実用化されることなく終わってしまった。

フリーゲンダー・ハンブルガーは、エンジンで発電した電気で走行する電気式ディーゼルカーで、ツェッペリン飛行船同様、マイバッハ製V型12気筒を2基積んでいた。マイバッハとは、ダイムラーのガソリン車開発に協力したウィルヘルム・マイバッハが1909年に設立した企業である。2両編成で車両の間に台車を置いた連接式車両も、ツェッペリンの風洞で煮詰められた流線型デザインを持っていた。フリーゲンダー・ハンブルガーは、１９３３年にハンブルク～ベルリン間で運行を開始した。故障がちで蒸気機関車牽引列車に代役を頼む場面も多かったものの、最高速度１６０㎞／h、平均速度１２４㎞／hをマーク。2時間18分という所要時間は当時の航空機を上回っていた。

ドイツのディーゼルカーはその後、車両の増備と運行区間の拡大を行なった。１９３８年登場の「クロッケンベルク」は、アルミ製軽量車体の3両編成で、液体式変速機[※5]を持ち、ベルリン～ハンブルク間で最高２１５㎞／hをマークしている。

これに対抗できる唯一の存在が、フランスにあった。自動車会社ブガッティが開発に関わったガソリンカーである。そのエンジンは36ページで紹介した、大恐慌で失敗に終わった超高級車タイプ41ロワイヤル用13ℓ8気筒だった。これを2基あるいは4基搭載し、液体変速機で車輪を駆動する両運転台車両で、１９３３年に完成し、2年後に試験走行で10㎞を平均１９６㎞／hで走ると、パリ～ストラスブール間を3時間53分で結んだ。平均速度は１３０㎞／hだった。

同じ頃、イタリアでは山がちな国土を生かした水力発電を利用し、電化を進めていたので、それに合わせて１９３６年、「ＥＴＲ２００」（ＥＴＲは高速電気列車の頭文字）を送り出した。ＥＴＲ２００は、風洞実験で生まれた空力的なデザインを持つ3両編成の電車で、ローマ～ナポリ間の試運転で平均速度130km／h、瞬間速度175km／hを記録。翌年、ボローニャ～ローマ～ナポリ間の営業運転では表定速度[※6]105km／hをマークした。さらに1939年のテスト走行では、ボローニャ～ミラノ間で平均171km／h、最高203km／hを出している。もっともこの記録は電圧を通常の3000Vから4000Vに上げた結果でもあった。

では蒸気機関車はどうだったか。1936年、ドイツでは流線型の車体を持つ「05」がハンブルク近郊で200・4km／hを記録。営業運転ではディーゼルカーと同じフリーゲンダー・ハンブルガー号として、ベルリン～ハンブルク間を2時間25分で走破した。このときの平均速度118km／hは、蒸気機関車牽引列車では今日に至るまで破られていない。その2年後には英国ロンドン&ノースイースタン鉄道の「マラード号」が、走行試験で203km／hという数字をマークするが、こちらは現在なお蒸気機関車による最高速度記録になっている。蒸気機関車の性能は、第2次世界大戦前にピークを迎えていたといっていいかもしれない。

新幹線という言葉は戦前から存在した

日本で再び標準軌が話題に上ったのは、前回の議論から実に半世紀が経過した1938年だった。「新幹線」という言葉が生まれたのはこのときだった。東海道新幹線が開通する26年前のことである。ただしこの言葉は、主として鉄道省内部で使われていたにすぎず、一般的には別の呼び名で通っていた。「弾丸列車」である。弾丸のように速い列車という名前から、時代背景がうかがえる。当時の日本は、いまとは違う日本だった。日清戦争、日露戦争、満州事変といった戦争の結果、大陸側に勢力を拡大していた。大陸連絡輸送が必要という議論が、弾丸列車に発展したのである。具体的には、東京から東海道・山陽本線に沿って下関へ向かい、そこから船でプサン(釜山)に渡り、当時の朝鮮総督府鉄道(朝鉄)や南満州鉄道(満鉄)に連絡して大連方面に至るというルートだった。

大陸側への勢力拡大は、飛行機の分野にも変化を及ぼした。それ以前から存在した中小の民間エアラインに加え、1928年には朝鮮半島や中国大陸への運航のため政府の主導で日本航空輸送が発足し、9年後には満州経由でドイツに飛ぶ国際航空が設立。翌1938年に両社は合併して大日本航空になった。飛行機は当初、富士重工業の前身で1917年設立の中島飛行機がダグラスやフォッカーをライセンス生産したが、36年には自社開発の「AT-2」を送り出した。定員は8人にすぎなかったが、最高速度は360㎞/hとDC-3に近かった。欧米に大差をつけられていた自動車とは異なり、旅客機の分野では「YS-11」以前にも、世界に肩を並べる機体が存在したのである。

航空機による旅客輸送が始まったばかりなのに対し、陸路の東海道・山陽本線は早くも輸送力の限界に近づいていた。大陸連絡鉄道は新規の幹線として敷設することが決定された。ゆえに新幹線と名づけられたのである。

新たに線路を作るのであれば、軌間の制約はない。しかも旧朝鮮や満州は標準軌を採用していた。客車や貨車を直通させる目論見もあり、弾丸列車は後の東海道新幹線に先がけ、標準軌を使うことになったのである。それだけではない。最高速度は200km／hで、曲線や勾配は緩く、主要道路とは立体交差し、信号機は車載として自動停止機構を組み込むという詳細は、今日の新幹線とかなり近い。弾丸列車の先見性に驚かされる。一方で時代を反映した部分もあった。現在の新幹線のような電車ではなく、機関車が客車を牽引する方式を考えていた。しかも東京～静岡と名古屋～姫路間は電気機関車とするものの、それ以外の区間は蒸気機関車が担当する予定になっていたのである。

電気式鉄道の経験が未熟だったわけではない。日本初の電車が京都電気鉄道（後の京都市電）の手で営業運転を開始したのは1895年であり、9年後には甲武鉄道（現在のJR中央本線）で電車運転を開始している。しかし当時の日本は、電車は騒音・振動面で長距離には向いていないと判断された。さらに戦争により架線や変電所が破壊されると運転不能になることも懸念された。これまた時代背景を教えられる判断である。ゆえに電化は大都市近郊と急勾配区間に限定されていた。たとえば東海道本線で電化されていたのは東京～国府津《こうづ》間と京都～神戸間のみであった。

しかも日本は、蒸気機関車による高速走行にある程度の自信を持っていた。前述した満鉄は1934年、大連～新京（現在の長春）間に特急列車「あじあ」の運転を開始した。最高速度130㎞／hを記録し、701・4㎞を8時間30分で走破したこの列車を牽引したのが、日本で開発された流線型の蒸気機関車、通称「パシナ」だった。国内における蒸気機関車の最高速度記録は、戦後の1954年に「C62」が記録した129㎞／hであり、標準軌のアドバンテージを加味しても、戦前の日本の蒸気機関車技術は一定レベル以上にあったということができる。

弾丸列車は計画では、東京～大阪を4時間半、東京～下関を9時間で結ぶとされた。満鉄「あじあ」が登場した年、東海道本線は丹那《たんな》トンネル開通にともないスピードアップを実現し、特急「燕《つばめ》」は556・4㎞を8時間で走破した。その半分近い時間で二大都市を結ぼうとしたのだ。

鉄道省内で持ち上がった弾丸列車構想は、1939年に鉄道大臣の諮問機関の鉄道幹線調査会に発展した。島安次郎を特別委員長に置き、学識経験者を加えた調査会で審議した結果、ゴーサインが出た。今回は帝国議会もすんなり通過し、翌年から工事が始まった。予定では1954年に完成予定といわれたこの弾丸列車プロジェクトは、残念ながら戦況の悪化により、5年後に中止されてしまう。島は終戦翌年の1946年にこの世を去った。しかしこのときの経験や実績は、息子の秀雄に継承され、後の新幹線の各所に生かされるのだった。

第2次世界大戦前の乗り物の歴史を繙《ひもと》いてみると、鉄道と自動車がさまざまな動力源を試しながら高速化に挑んだのに対し、飛行機の世界は、旅客機に限っていえば速さより大きさが重視されたことがわかる。これは、鉄道がヨーロッパを主舞台として発達し、自動車もスポーツカーについてはヨーロッパ車が主役だったのに対し、飛行機は草創期を除けばアメリカを中心に発展していったことと無関係ではないだろう。アメリカは昔から、速さより大きさや強さを尊ぶ国だったのだ。

こうした状況のなか、日本が戦前から「弾丸列車」と呼ばれた高速鉄道を考えていたことは驚きに値する。自動車や飛行機に関してはようやく国産化が始まった1910年代に、標準軌による東海道線の線増が計画されているのだから、鉄道だけが突出して進化していたと考えてもいい。世界に先駆けて高速鉄道を生み出した原動力は、戦前のうちに培われていたと断言できるのである。

※1モノコック　フランス語でモノは単一、コックは貝殻の意味。機体や車体表面の板（ボディパネル）を強化することで、骨格（フレーム）なしでも剛性が保てるようにした設計。

※2シャシー　フレーム、サスペンション、ステアリング、ブレーキなど、エンジンとその力をタイヤに伝える構成部品以外の走行に関与するメカニズムの総称。

※3スーパーチャージャー　エンジンで駆動するコンプレッサー（空気圧縮機）により、シリンダー内に取り入れる空気を強制的に圧縮することで、燃焼時のエネルギーを増大させるメカニズム。機械式過給器、コンプレッサー、ブロワーともいう。

※4ホイールベース　自動車の前輪の中心と後輪の中心間の長さ。ホイールベースが長いと走行安定性が高まるが、ハンドリングの俊敏性は失われる傾向にある。軸距と訳される。

※5液体式変速機　液体を封入した容器に2枚の羽根車を向かい合わせて入れ、間にもう一枚の羽根車を固定し、一方の羽根車を回すと、反対側の羽根車に回転力が増幅して伝えられる。これがトルコン（トルクコンバーター）で、このトルコンとギアを使った機械式変速機（トランスミッション）を組み合わせたものをこう呼ぶ。自動車のATも同じ構造。

※6表定速度　列車の走行距離を所要時間で割ることで算出した平均速度。中間駅などでの停車時間を含む。

第2章
王者がいたから挑戦者がいた
1950年代

鉄道記念日は超音速記念日でもある

10月14日は、日本では鉄道記念日（鉄道の日）として知られているが、世界的には超音速記念日でもある。1947年のこの日、米空軍のパイロット、チャック・イェーガーが実験機ベル「X‐1」で、人類初の超音速飛行に成功したのである。このときの速度は1126㎞／h、マッハ1・06だった。1935年、アメリカで設立されたベルは、現在はヘリコプターのメーカーとして知られているが、1960年に持ち株会社テクストロン傘下に入る前は飛行機の開発製造も行なっていて、独創的な思想で知られていた。それが音速超えという挑戦に結びついたといえる。

人類初の超音速飛行は、驚きとともに迎えられた。それもそのはず、従来は「音の壁」なるものが存在し、突破は不可能と思われていたからである。飛行機が進むと、周囲に空気の波が作られる。ゆっくり進んでいるときは、波は同心円状に広がる。池に石を投げ込んだときの波紋に似ている。しかし速度が上がるにつれ、前方の波が密集し、圧縮され、衝撃波と呼ばれる乱流を発生する。これが飛行に影響を及ぼすことから、音の壁と名づけられた。

ガソリンエンジンでプロペラを回転させて飛行するレシプロ機では、回転するプロペラに当たる空気がまず音速に達する。続いて主翼の上面を流れる空気が音速になる。その結果、推力や揚

ベル・X−1（写真提供：NASA）

力の減少、抵抗力の増加を引き起こした。第2次世界大戦直前から、レシプロ機で垂直急降下を行なうことで、音速に挑むパイロットはいた。しかし音速に近づくと機体が激しく振動を起こし、最悪の場合は空中分解にまで発展。多くのパイロットが命を落とす結果になった。

ジェットエンジンが生まれたのは、これより少し前である。発明したのは英空軍士官候補生のフランク・ホイットル卿で、1930年に特許を申請した。試験飛行はドイツが先で、ハインケルの技師ハンス・フォン・オハインが開発したエンジンを載せたハインケル「He‐178」が1939年8月27日に初飛行した。第2次世界大戦直前のことだった。イギリス側の初飛行は2年後の5月15日で、ホイットルが5年前に設立したパワージェット製エンジンがグロスター「E28／39」に搭載された。

大戦中は、ユンカース製エンジンを積んで827km／hを出したメッサーシュミット「Me‐262」と、ロールス・ロイス製エンジンを搭載したグロスター「ミーティア」が代表作だった。日本はBMW製エンジンとMe‐262の設計図をもとに「橘花《きっか》」を完成させたが、初飛行は終戦の8日前だった。

ちなみにアメリカ初のジェット機は、X‐1と同じベルの「XP‐59Aエアラコメット」で、グロスターのエンジンを参考にしたGE（ゼネラルエレクトリック）製ユニットを搭載し、1942年10月に初飛行している。しかし音速超えに挑戦したX‐1はジェットではなく、ロケットエンジンを搭載していた。

ロケットエンジンの歴史はジェットエンジンより古く、1926年にアメリカ人ロバート・ゴッダードが発明している。飛行機への最初の搭載は1944年5月にドイツで生まれたメッサーシュミット「Me‐163コメート」で、最高速度は950km／hと当時のジェット機を上回っていたが、ロケットゆえの行動半径の狭さ、燃料や酸化剤の取り扱いの難しさは克服できないままだった。

アメリカでは、空軍として独立する前の陸軍航空軍が、超音速機を欲しがっていた。以前から国家航空宇宙諮問委員会（ＮＡＣＡ／ＮＡＳＡの前身）に対し、超音速機の開発が可能であると打診していたベルは１９４４年の11月、その開発を請け負うことになる。ベルはジェットでの音速超えを望んでいたが、航空軍はメッサーシュミットMe‐１６３を引き合いに出してロケットを希望し、安全性の見地から空中からの発進に決定した。母機にはボーイングの「Ｂ‐29」爆撃機が選ばれたが、ここにも紆余曲折があった。Ｂ‐29は日本戦に駆り出され、機体が不足していたのである。しかし１９４５年8月に日本が降伏したことで問題は解決した。理由はどうあれ、世界初の超音速記録には、日本も関与していたことになる。

試作機「ＸＳ（エクスペリメンタル・ソニック）‐１」は１９４５年12月に1号機が完成し、翌月滑空試験に成功すると、１９４７年1月にはロケットエンジンを積んだ2号機が飛行を行ない、マッハ0・8を記録した。一連の任務は、ベルのテストパイロット、スリック・グッドリンが行なった。彼は実験前に、マッハ超えの際は15万ドルの報酬をベルから受け取る契約を交わしていた。ところがその後、戦後の軍事予算削減のあおりを受け、ＸＳ‐１計画は航空軍が直接行なうように変更される。この過程で、グッドリンへの報酬契約は反故にされた。怒った彼はベルを辞めてしまう。そこで急遽選ばれたのが航空軍パイロットのチャック・イェーガーだった。

米空軍が独立したのは１９４７年9月17日である。イェーガーの飛行はその約１カ月前から始まった。飛行の2日前に落馬によって肋骨を骨折していた彼は、マッハ0・8以上では衝撃波に起因する振動にも耐えねばならなかった。そんななか、8回目の飛行での音速突破は称賛に値するだろう。ただし、イェーガーの記録はすぐには公表されなかった。メディアには同年末からスクープされていたが、空軍が発表したのは翌1948年6月15日のことで、同時に名称からSを取って「X-1」とした。音速を克服したことの証明だった。その後イェーガーは1953年12月12日、改良型の「X-1A」で操縦不能状態を経験しつつ、マッハ2・44を記録した。これが彼とX-1にとっての最高記録となった。

新幹線=超特急ではなかった

ベルX-1が音速を突破した頃、日本の乗り物はどんな状況だったか。敗戦によって航空産業が全面禁止されていたことはよく知られているが、それ以外の分野は早くも復興へ向けて発進を始めていた。

自動車の世界ではこの年、排気量1・5ℓ以下限定で乗用車の生産が認められ、さっそくトヨタ自動車と日産自動車から、新型車「トヨペットSA型」「ダットサンDA型」が発表されている。

一方、鉄道では同じ1947年、近畿日本鉄道（近鉄）が大阪上本町《うえほんまち》〜名古屋間に、戦後初の特急の運転を開始。翌年は小田急電鉄が週末に限り、新宿〜小田原間に特急を走らせている。鉄道省が日本国有鉄道（国鉄）として再出発を果たしたのは1949年6月1日だが、3カ月後の9月15日には、その国鉄にも特急が復活している。終戦直後という時代を反映したような「へいわ」という名前の列車が、東海道本線の東京〜大阪間を9時間で結んだ。戦前の最速列車、1934年の丹那トンネル開通でスピードアップした「燕」の8時間より1時間遅かったが、翌年、公募によって「へいわ」から名を改めた新生「つばめ」と新設の「はと」によって8時間を取り戻している。ちなみに当時の「つばめ」と同区間を走った特急「はと」には、「つばめガール」「はとガール」と呼ばれる、車内給仕のための女性が乗務していた。

1951年には、国内資本による航空事業が許可され、日本航空が東京〜大阪・福岡・札幌間の旅客輸送を開始。続く1952年には羽田空港が米軍から返還され、全日空の母体である日本ヘリコプター輸送が設立されている。近い将来、鉄道の有力なライバルとなる飛行機も、その態勢を整えつつあった。

もっともこの時点では、「つばめ」「はと」は一部区間を蒸気機関車が牽引していた。東海道本線の全線電化が完成したのは1956年11月19日だったからである。これにより所要時間はさらに30分縮まった。「つばめ」「はと」はこれを機に、「EF58」電気機関車を含めて淡緑色に塗装され「青大将」という異名をもらった。青大将といえば、加山雄三主演の「若大将」シリーズの登場人物を思い出す人もいるだろう。ただし若大将シリーズが始まったのは1961年であり、「つばめ」「はと」のほうが先輩である。

東海道新幹線の構想が生まれたのはこの頃だった。ただし、まったく新しい鉄道を建設しようという計画ではなかった。東海道本線の複々線化という考えから生まれたのである。戦前の「弾丸列車」と同じ発想だった。東海道本線の輸送力が限界に近いことは、戦前から指摘されていた。この議論は敗戦によって一度振り出しに戻るものの、戦後の急速な経済の回復によって、ふたたび早急に解決すべき問題になっていた。

1955年に国鉄総裁に就任した十河《そごう》信二は、まず、島安次郎の長男で、戦前から戦後にかけて「D51」をはじめ10形式以上の蒸気機関車の設計に関わるものの、4年前に京浜東北線桜木町駅で起こった電車火災事故（桜木町事故）の責任を取って辞任していた島秀雄を技師長として呼び戻した。十河総裁は戦前の鉄道院時代、島安次郎とともに、当時の後藤新平総裁のもとで標準軌推進計画に関与していた。安次郎の遺志を引き継いだ秀雄を加えることで、今度こそ標準軌を実現しようと目論んだのである。

その頃はまだ、在来線に沿って狭軌の線路を増設する案もあった。完成箇所ごとの開通が可能であり、九州行き特急列車などがこの路線を使えるという利点もあったからである。

さらに島は、戦前の欧州視察の経験から、これからは長距離列車も機関車牽引ではなく、動力分散方式の電車の時代になると直感していた。当時の電車は大都市近郊の短距離輸送に専念しており、長距離には使われなかった。床下にあるモーターが発する騒音や振動が快適性を損なうという理由である。しかし島は、技術の進歩によってこの欠点は解消できると信じていた。

実は終戦の年、海軍航空技術廠《しょう》（空技廠）で振動の研究をしていた松平精《ただし》が、国鉄鉄道技術研究所（現在の鉄道総合技術研究所）に入所していた。彼は入所の際、島から電車の騒音・振動の解消を依頼されており、翌1946年から国鉄工作局、研究所、製造会社の技術者を集めた「高速台車振動研究会」を、3年間で計6回開いている。

そんななか島は、東京〜沼津間124・7㎞を走破する「80系」、通称「湘南電車」を、1950年3月1日に登場させた。80系にはこの「高速台車振動研究会」で生まれたアイデアが盛り込まれており、島自身が考案した「湘南型」と呼ばれる前面2枚窓のデザイン、オレンジとグリーンのツートーンカラーとともに、従来の電車の常識をいい意味で覆すことに成功した。しかも電車の加速は、電気機関車牽引の列車とは比較にならないほど力強かった。その結果80系は、従来3時間かかっていた東京〜沼津間を、2時間30分で走破することに成功した。最高速度こそ95

試験走行を行なう80系電車

km／hにすぎなかったが、6年後に東海道本線の全線電化で「つばめ」「はと」が達成した東京〜大阪間30分短縮を、はるかに短い距離で達成してしまったのである。高速化における電車の優位は明らかだった。

ランボルギーニとホンダの共通点

ランボルギーニ創始者のフェルッチオ・ランボルギーニと、本田技研工業（ホンダ）を設立した本田宗一郎には共通点がある。

1906年11月17日、現在の静岡県浜松市に生まれた本田宗一郎は、終戦の翌年の1946年に本田技術研究所を設立すると、戦時中に軍隊が使っていた通信機用の小型エンジンが大量に余っていることに気づき、これを自転車に取り付ければ安価で便利な乗り物ができると思いついて、商品化した。これがヒットに結びついて、2年後の9月に会社組織である本田技研工業を設立し、まずオートバイ、続いて自動車の生産を始めるのである。

一方のフェルッチオは1916年4月28日、イタリア北部のエミリア・ロマーニャ州フェラーラ県チェント近郊に生まれた。裕福な農家に生まれた彼は、幼少の頃から農業機械に興味を示し、工科大学に進んだ。卒業後まもなく第2次世界大戦が始まり、ギリシャ領ロードス島で兵器の整備に従事することになるが、後に連合軍に捕らえられ、釈放されたのは終戦の翌年だった。母国に戻った彼は、ある商売を思いつく。軍が放出したトラックを改造し、民間向けに販売を始めたのである。

フェルッチオ・ランボルギーニ（写真提供：アウトモビリ ランボルギーニ）

敗戦直後であらゆる物資が不足していたのは、イタリアも同じである。そこでフェルッチオは、軍用エンジンを補助動力とした自転車を作った宗一郎と同じように、軍用改造のトラックを売り出したのである。このアイデアが大ヒットに結びついたこともまた、両者に共通している。ただし、この商売がそのまま現在のランボルギーニに結びついたわけではない。フェルッチオは翌年、稼いだお金でチューニングの専門店を開くと、1948年にフィアットを改造し、友人とともにイタリアの公道レースの最高峰、ミッレ・ミリアに出場したのである。ところが途中でレストランに突っ込み、車外へ放り出されてしまう。もちろんレースはリタイアに終わった。

実は本田宗一郎も、戦前に自ら開いていた自動車整備工場を畳むと、弟とともにフォードをベースとした車両でレースに出場したはいいが、転倒事故を起こし、大怪我を負っている。ただし宗一郎が、ホンダを設立後もレースに参戦したのに対し、フェルッチオはこの事故で精神的なショックを受けたのか、チューニングから足を洗ってしまったのである。続く1949年、新たに起こした会社はランボルギーニ・トラットリーチ、つまりトラクター会社だった。メカ好きのフェルッチオが、普通のトラクターを作るはずはなく、先進的な機構を盛り込み、持ち前の商才も味方して好調な販売成績を上げることができた。

つまりこの時点では、ランボルギーニはスーパーカーとは無縁の仕事を行なっていた。一方でイタリアの自動車産業は、敗戦からの復活を着実に進めつつあった。その象徴といえるのが、フェルッチオがトラクター会社を興した1949年に行なわれた、戦後初のルマン24時間レースだった。ここで創業わずか3年目という若い自動車会社が、優勝をものにした。エンツォ・フェラーリが興したフェラーリである。12気筒エンジンを積む「166MM」が、平均速度132km／

hで24時間を走りきった。今風にいえばベンチャー企業だった当時のフェラーリが、いきなり世界的な大レースで勝利を得たのは、その前から入念な準備を進めていたからだった。

１９３０年代、エンツォはアルファ・ロメオのレーシングチーム「スクーデリア・フェラーリ」を結成し、チーム監督として辣腕を振るっていた。ところがそのアルファが１９３８年、自前のチーム「アルファ・コルセ」を結成してしまう。怒ったエンツォはまもなくアルファと袂《たもと》を分かつことになるが、その際にアルファ側から、４年間はフェラーリの名前を使えないという条件をのまされてしまったのである。

自分の名前を使えなくなってしまったエンツォは、しかたなくアウト・アビオ・コストルツィオーネ（自動車航空製造）という名前で、工作機械の製造販売を始める。しかし自動車への情熱が失せたわけではなく、第2次世界大戦が勃発後の１９４０年、ミッレ・ミリア出場のために「８１５」という名前のスポーツカーを少量生産している。その後１９４３年には、現在も本拠を構えるエミリア・ロマーニャ州モデナ県マラネロに工場を構えるなど、エンツォは戦後を睨んで、準備を進めていく。だからこそ、創設3年目での栄冠を手にできたのである。

ただし、１６６ＭＭはフェラーリ初のモデルではない。同じV12エンジンを積んだ「１２５Ｓ」が1号車で、次に登場した「１５９Ｓ」に続く3番目のモデル「１６６Ｓ」の高性能版だった。

車名の3桁数字は1シリンダー当たりの排気量のことで、その後長きにわたりフェラーリの伝統になった。つまり125は1・5ℓ、159は1・9ℓとなるが、速さが得られなかったので、すぐに2ℓの166にスイッチした。優勝車の名前に付くMMはミッレ・ミリアの略で、前年のこのレースで166Sが優勝したことにちなんで生まれた車種だった。最高出力は140ps、最高速度は200km／hといわれた。このほか166シリーズには公道用スポーツカーの「166インテル」も存在していた。

今日ではフェラーリと並ぶスポーツカーの代表ポルシェも、ほぼ同じ1948年に第1号車の「356」を送り出している。こちらも当時としてはかなりの高性能車だったが、初期型のエンジンは1・1ℓ40psで、トップスピードは140km／hだった。フェラーリがいかに飛び抜けていたかがわかろう。

ロマンスカーと新幹線の接点とは？

島秀雄の設計で1950年に誕生した国鉄80系「湘南電車」は、近距離専用という電車の定義をみごとに塗り替えた。ところが登場から数年が経過すると、早くも「旧型」呼ばわりされるようになる。理由は「新性能電車」が登場したからである。モーターと車輪を歯車で直結する釣り掛け式に代わり、双方をカルダンジョイントと呼ばれる撓《たわ》み継ぎ手で結ぶことで、モーターを台車枠に固定し、騒音や振動を低減するとともに、バネ下重量を軽減したカルダン式駆動をはじめ、数々の新機軸を採用した電車を、新性能電車と呼んでいる。

バネ下重量の軽減という概念は、自動車の世界でも使われる。スプリングより下側の重量を減らせば、道路や線路への追従性が高まり、走行安定性が向上する。そのために自動車では、デフ※7ァレンシャルギアを車体側に固定し、タイヤとの間をドライブシャフトで結んだ独立懸架サスペンションが生まれた。電車のカルダン式は、この独立懸架に似た技術といえる。

初期の新性能電車で飛び抜けた存在が、1957年7月に小田急電鉄が登場させた特急用車両SE（スーパーエクスプレス）車「3000」だった。デビュー2カ月後のテストで145㎞／hという、狭軌鉄道における当時の最速記録を出したからである。戦後、国鉄より1年早い1948年に特急を復活させたように、小田急は先進志向、高速志向の強い会社だった。カルダン方式についても、1954年という早い時期に営業運転を開始している。その社風を受け継いだひとりが、1924年に鉄道省に入り、戦後1948年に小田急に入社した山本利三郎だった。彼は新宿〜小田原間82・8㎞を1時間で走破が可能と考えたのである。戦前の最速タイムが1時間30分だから、それを3分の2以下に縮めようという大胆な構想である。

その頃、鉄道車両の製作に関わる企業によって組織される日本鉄道車両工業協会では、「超高速車両委員会」を発足させ、研究を行なっていた。主役となったのは、前述した松平と同じように、空技廠から鉄道技術研究所に入った三木忠直だった。軽量化と流線型を専門とする彼は1953年の論文で、飛行機に使われる軽量技術であるモノコック方式を取り入れ、流線型の導入によって空気抵抗を減らせば、東京~大阪間4時間半が実現できると公表し、注目を浴びていたのである。委員会では1年間にわたる研究の結果、モノコック構造で軽量低重心の7両連接車というコンセプトを発表した。連接車とは、連結部分に台車を置いた車両のことで、台車から外に突き出した部分(オーバーハング)がないので乗り心地がいい。自動車の世界ではホイールベースが長くオーバーハングが短いほど安定性が高いといわれるが、それと共通する技術である。

これに興味を示したのが小田急の山本で、1954年10月、鉄道技術研究所を訪れて、指導と援助をお願いしている。研究所側は全面的に了承し、翌年までに8回の研究会が開かれた。これがSE車につながった。デザインは、三木が東京大学航空研究所の風洞実験に持ち込んで決めており、湘南電車の3分の1まで空気抵抗を減らした。前面下部にはスカートを付けて浮き上がりを抑え、座席は飛行機用を参考にすることで、重量を従来型より半減させている。空の技術が世界最速を生んだといえるかもしれない。

ただし、前述の最速記録は、小田急で出したものではない。国鉄東海道本線の函南《かんなみ》～沼津間でマークしたものである。実はSE車は営業運転前、小田急の線路でも速度試験を行ない、新松田駅付近で128km／hをマークしている。しかしカーブの多い小田急ではこれが限界だった。設計上の最高速度145km／hを確認したいと思った山本は、旧知の仲である島に、直線の多い東海道本線での試験を依頼した。島は新幹線計画の後押しになると考え、承諾したのである。

標準軌ではその前年の1956年3月、とてつもない記録が生まれている。フランス国鉄の「CC7107」と「BB9004」電気機関車が3両の客車を引き、当時の鉄道最高速度である331km／hをマークしたのである。フランスは営業列車でも、パリ～マルセイユ間を結んでいた急行「ミストラル」が、1956年から電気機関車牽引の客車列車で160km／hを実現し、世界最速を謳《うた》っていた。しかしこの流れが、後のTGVにつながったわけではない。当時欧米では、鉄道は「斜陽産業」といわれていた。あとから実用化した自動車や飛行機に役目を譲り、衰退していくと考えられていたのである。当時、鉄道で200km／h運転を目指していたのは、日本だけだった。

世界初のスーパーカーはメルセデス・ベンツか

日本で超高速鉄道の研究が進む頃、イタリアではフェラーリが国を代表する存在になりつつあった。しかし国外に目を向ければ、ライバルはいた。とくに戦前からスポーツカー作りに長けていたイギリスでは、ベントレーに代わってアストン・マーティンとジャガーが主役の座を射止めようとしていた。このうちアストンは、ベントレーとつながりがある。ベントレーは世界大恐慌の影響で1931年にロールス・ロイス傘下に入り、創始者ウォルター・オーウェン・ベントレーは会社を離れてラゴンダというメーカーに移った。ここで設計した直列6気筒エンジンが、戦後になってアストンとラゴンダを支配下に収めた実業家デビッド・ブラウンの手で、アストンに載ることになったのだ。

最初のモデル「DB2」(DBはデビッド・ブラウンの頭文字)は排気量2・6ℓで、バンテージと名づけられた高性能型では125psを発生しており、雑誌のテスト走行で187km/hを出した。DB2はその後リアシートを追加し、2・9ℓも選べるようになった「DB2/4」を経て「DBマーク3」に進化しており、最高出力は195ps、最高速度は192km/hに跳ね上がっていた。ただし、ルマンで優勝したのは1959年の1回だけで、レーシングカー「DBR1」によるものだった。このときステアリングを握っていたキャロル・シェルビーは、その後アメリカに帰って高性能スポーツカー、シェルビー「コブラ」を生み出すあの人物である。

1950年代にルマンでもっとも数多く勝利を手にしたのはジャガーで、「Cタイプ」と「Dタイプ」という2種類のレーシングカーで5度も頂点に上り詰めている。この2台のルーツといえるのが、1948年発表の「XK120」だった。車名の120はマイル表示での最高速度、つまり192㎞/hを示しており、自社設計のエンジンはアストンと同じ直列6気筒だったが、排気量は3.4ℓ、パワーは160psとDB2より余裕があった。ジャガーの創始者ウィリアム・ライオンズ自らが描いた優美なフォルムも魅力だった。XKシリーズはその後1954年に「XK140」、その3年後に「XK150」が発表されている。といってもトップスピードがアップしたわけではなく、XK150をテストした雑誌のデータによれば212㎞/hにとどまっている。

この時代、圧倒的な高性能で世界を驚かせたのは、第2次世界大戦の敗戦国西ドイツのメルセデス・ベンツが1952年に発表した「300SL」だった。この年にプロトタイプ（試作車）がルマンに出場し、ドイツ車で初の優勝を手にすると、2年後に市販型が登場する。そのエンジンは、ガソリンエンジンの現在のトレンドになっている直噴式燃料噴射装置をいち早く採用した

メルセデス・ベンツ300ＳＬ（トヨタ博物館所蔵）

３ℓ直列６気筒で、２１５psを発生。空力的にすぐれていたこともあり、最高速度は２６０km／ｈという、屈指の高性能車だった。しかもボディは、ドアが上に開くガルウイング方式を採用しており、室内は高級車のように上質な仕上げだった。そのため裕福な自動車愛好家だけでなく、各界の著名人にも愛された。日本では石原裕次郎や力道山の愛車だったことで知られている。史上初のスーパーカーはこの３００ＳＬであると主張する人も多い。たしかにデザインから走りまで、あらゆる部分が驚きにあふれた車種だった。もし歴史がなにごともなく進めば、メルセデスはフェラーリと並ぶスポーツカーメーカーになっていたかもしれない。

ところがその流れを一瞬で断ち切ってしまうほどの大事故が、１９５５年のルマンで発生してしまった。メルセデスはこのレースに、Ｆ１用をベースとした直列８気筒の３ℓエンジンを搭載した、その名も「３００ＳＬＲ」というレーシングカーを持ち込んだ。直前のミッレ・ミリアで優勝したためもあり、多くの人がルマンも制するのではないかと予想していた。レースは３００ＳＬＲとジャガーＤタイプ、フェラーリという三つ巴の戦いになった。スタートから約2時間半後、トップを走るＤタイプが、周回遅れの遅いクルマを抜きつつピットに入った。驚いた周回遅れの車両が急ブレーキをかけつつ進路を変える。そこへ後ろからきた３００ＳＬＲが接触した。３００ＳＬＲは宙を舞い、観客席の脇に落下し、燃えさかる部品を観客席に飛散させながら転がった。その結果80名以上が死亡するという、モータースポーツ史上最悪の事故になってしまったのである。

３００ＳＬはその後、ラグジュアリー色を強めたオープンカーに姿を変えて、１９６３年まで生産された。しかしメルセデスはこのルマンを途中で棄権すると、翌年から数十年間にわたり国際舞台でのレース活動を自粛した。以降のメルセデスは、多くの方がご存知のとおり、実用的な乗用車にかけては世界最高峰の地位をゆるぎないものとしている。しかし、歴史に「もし」は禁物であるが、もしあの大事故がなかったら、いまなおランボルギーニやフェラーリとスーパーカーの世界で競い合っていたかもしれない。

英国航空業界を襲った悲劇

世界初の超音速飛行は、前にも書いたようにアメリカのベルX‐1が1947年に達成している。一方、ヨーロッパにおける初の音速超えは、1920年にジェフリー・デハビランドが設立したイギリスのメーカー、デハビランドの「DH‐108スワロー」で、1948年9月9日、テストパイロットのジョン・デリーの手でマッハ1・04を記録している。第2次世界大戦中に作られたジェット戦闘機「バンパイア」をベースに後退翼を装着することで1946年に完成した実験機DH‐108は、まず同年9月27日、創始者の長男ジェフリー・デハビランド2世が急降下によって音速突破を試みたものの、空中分解を起こして死亡してしまう。しかし同社はあきらめることなく挑戦を続け、この記録に結びつけたのである。そのわりにDH‐108の偉業が多く語られないのは、2年後の7月27日にそのデハビランドが、同じジェット機の分野で世界初を実現したからだろう。「DH‐106コメット」という名称でわかるとおり、スワローの少し前に開発が始まったその機体は、世界初のジェット旅客機だったからである。

当時のイギリスは、アメリカを恐れていた。航空技術先進国を自認する彼らは、強力な工業力を持つアメリカに航空業界の覇権を握られるのではないかと危惧していたのだ。そのために政府は、第2次世界大戦中の１９４３年という早い時期に、戦後を睨んだ旅客機の検討委員会を発足させている。会長に英国人で初めてパイロットライセンスを取得したジョン・ムーア・ブラバゾン卿が就任したことから、まもなくブラバゾン委員会と呼ばれるようになった。

当時のイギリスはまだ世界各地に植民地を持っていた。ブラバゾン委員会ではまず、イギリスとこれらの地域を結ぶ中長距離機の開発を進めた。ガスタービンエンジンでプロペラを回すターボプロップ方式を世界で初めて採用したビッカース「バイカウント」、後のボーイング「７４７」を上回る70ｍの全幅を持つレシプロ機ブリストル「ブラバゾン」などが登場した。ただしブラバゾンは大きすぎることが理由で、試作のみで生涯を終えた。コメットもそのひとつで、全長30ｍ弱、全幅約35ｍ、36～44人乗りというスペックは中型機のそれだが、プロペラ機とは一線を画した７２５㎞／ｈという高速性能を生かし、大西洋横断などの長距離用として考えられた。エンジンはデハビランド自社設計の「ゴースト」を4基、主翼の根元に埋め込むように積んでいた。

コメットは１９５２年5月にＢＯＡＣ（英国海外航空＝ブリティッシュ・エアウェイズの前身）の手で就航した。初フライトはロンドンと南アフリカのヨハネスブルグ間で、それまでの所要時間を半減させた。スピードだけでなく、成層圏を飛ぶがゆえの揺れの少なさ、静粛性の高さも評

デハビランドDH-106コメット（模型）

価された。ところがその後のコメットは、相次ぐ悲劇に襲われる。1953年5月、インドのコルカタ空港を離陸したBOAC便が空中分解を起こすと、翌年1月にはローマを飛び立ったBOAC便が地中海上のエルバ島上空で爆発した。これによりコメットは3月まで運航を停止するが、原因を解明しないまま4月に復帰する。ところが直後、ふたたびローマ空港を離陸した南アフリカ航空便が、地中海上で消息を絶ったのである。漂流中の機体の残骸と遺体が収容されたことで、今回も空中爆発による墜落と結論づけられた。

事の重大さを悟ったイギリスは、自動車の車検にあたる耐空証明を取り消し、当時の首相ウィンストン・チャーチルの号令の下、国を挙げての原因究明に取りかかる。実機が入るほど巨大な水槽を使って実験した結果、与圧を繰り返すうちに窓枠などに亀裂が入ることが判明した。飛行機の与圧を最初に手がけたのは、コメットではない。1938年登場の4発33人乗りレシプロ機ボーイング「307ストラトライナー」が最初だった。つまり、与圧システム自体の問題ではなく、コメットの強度不足と結論づけられた。

当時デハビランドは、エンジンを強力なロールス・ロイス・エイボンに換えた「コメット2」を送り出す予定でいたが、外板を厚くするなど金属疲労対策を施したうえで、空軍に回された。機体を大型化した「コメット3」は、大西洋無着陸飛行を目標に開発されたものの、実験用の1機しか作られなかった。デハビランドは最終型となる「コメット4」に賭けた。ところがアメリカのFAA（連邦航空局）が耐空証明を出し渋った。当時開発中だった大型ジェット機、ボーイング「707」やダグラス「DC-8」のために、発行を遅らせたという説が出るほどだった。

1958年10月にデビューしたコメット4は、悲願だった大西洋無着陸飛行を実現する。ロールス・ロイス製エンジンと大型ボディの組み合わせは、最高速度800㎞／h以上を記録し、最高で109人乗りを可能とした。ところが数週間後に登場した707は、179人を乗せ、アメリカのプラット&ホイットニー製ジェットエンジン4基で1000㎞／hでの飛行をものにしていた。翌年には同等の性能と収容力を持つDC-8も就航。多くのエアラインがアメリカ製の2

機に流れてしまった。

スポーツカーの頂点に君臨しようとしていたメルセデス・ベンツと同じように、ジェット旅客機の覇権を握ろうとしたデハビランドの野望もまた、事故が原因で叶わぬ夢と終わってしまったのである。

ひとつの講演会が新幹線の流れを確立した

十河信二を総裁に迎えた国鉄は1956年5月、「東海道線増強調査会」を設置し、将来の輸送量の予測と、増強方法について検討に入った。委員長には島が就任した。十河と島のコンビから想像すると、この調査会がそのまま標準軌による別線方式、つまり新幹線計画の実現につながったようにも想像できるが、彼らはむしろ、状況を見守っていた。突破口を開いたのは、翌年5月30日、鉄道技術研究所が創立50周年を記念して開いた講演会だったといえる。

「東京〜大阪3時間への可能性」と題したこの会は、標準軌を採用すれば、最高速度250km／h、平均速度200km／h、東京〜大阪間3時間運転が可能であることを、4人の専門家がアピールした。実はこのうちの2人が、先に紹介した空技廠出身の松平精と三木忠直だったのである。

当時の日本でも、世論は鉄道斜陽論に傾きつつあり、新幹線への反対論も根強かった。しかし講演会には予想以上の人が集まり、新聞などで報道されたためもあって、世論は一気に新幹線歓迎へと動いた。

十河総裁はこの動きを見逃さず、１９５７年７月に線増調査会の結果を受けたこともあり、すぐに運輸大臣に計画推進を要請した。翌月運輸省に設置された「日本国有鉄道幹線調査会」では、１９５８年３月に標準軌別線案が妥当であるとの審議結果が報告された。これを受けて国鉄では、４月に新幹線建設基準調査委員会を設け、７月に運輸省に答申。閣議決定の後、翌年３月に国会で建設費の予算が承認され、運輸大臣が着工申請を認可。４月20日の新丹那トンネルにおける起工式につながっている。機を見るに敏という言葉がふさわしい展開だった。

車両側の技術開発も並行して進んだ。小田急ＳＥ車が狭軌最高速度を記録した頃、国鉄では同様のメカニズムを持つ初の新性能電車「１０１系」（当初はモハ90）の開発を進めており、１９５７年に試作編成が登場している。１０１系は同年、ＳＥ車と同じ東海道本線で高速試験を行ない、１３５㎞／ｈを記録した。流線型ではない箱型の通勤用電車としては好結果といえる。

この試験は、国鉄初の特急型電車の開発のための布石だった。前述の講演会「東京〜大阪３時間への可能性」が開かれる少し前の１９５７年２月に「電車化調査委員会」が発足し、11月に東京〜大阪間を６時間半以下で結ぶ電車特急運行が決定していたのである。これが１９５８年11月

狭軌のスピード記録を樹立した架線試験車クモヤ93

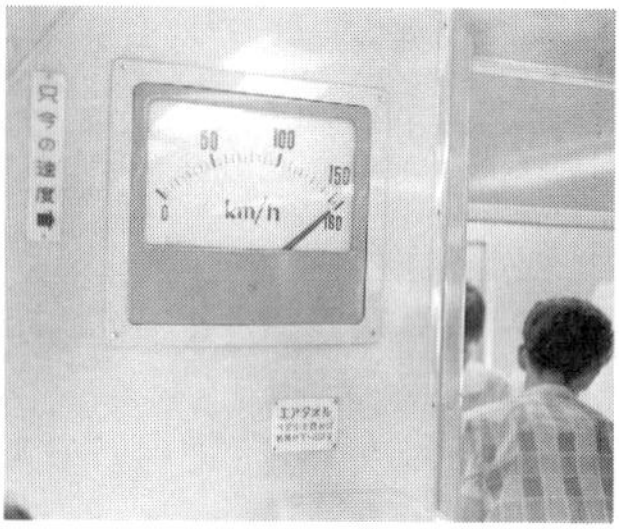

160km/h超えを示す車内に設置された速度計

高速度試験に臨む151系電車

1日に登場し、最高速度110km／hで東京～大阪間を6時間50分で結んだ「こだま」用「151系」（当初は20系）である。2年後の6月1日からは「つばめ」「はと」も電車特急に切り替わり、「こだま」ともども6時間30分運転となった。客車時代より1時間もスピードアップしたわけで、高速鉄道は電車というイメージを確立した。

151系は高速度試験にも挑戦しており、1959年7月、東海道本線島田～藤枝間で、設計上の最高速度を3km／h、小田急SE車を18km／h上回る163km／hを記録している。さらに翌年11月、旧性能電車「モハ51」の改造車である架線試験車「クモヤ93」が、同じ東海道本線金《かな》谷《や》～藤枝間で175km／hをマークしている。いずれも狭軌での世界新記録であり、安定性で上回る標準軌での200km／hは、現実的なものとなりつつあった。

コンコルド以前にも英仏協力はあった

特急「こだま」が登場した1958年、フランス生まれの興味深いジェット旅客機が運航を開始した。3年前に初飛行を成功させていたシュドエスト「SE210カラベル」である。会社名のシュドエストはフランス語で「南東」を意味しており、正式には国営南東航空製造会社（SNCASE）となる。

シュドエストSE210カラベル

フランスは第2次世界大戦前の1936年、国内の航空機会社を、機体製造に関してはノール（SNCAN）、ウェスト（SNCAO）、サントル（SNCAC）、シュドエスト（SNCASE）、ミディ（SNCAM）、シュドウェスト（SNCASO）と地域別に6つに統合し、これとエンジン担当（SNCAM）からなる7つの国営企業に整理した。シュドエストはこのなかでも最大勢力で、1941年にはミディを吸収し、カラベル登場2年後にはシュドウェストと合併して、シュド・アビアシオンに発展している。このためシュド・カラベルと呼ぶこともある。

カラベルは、フランス航空局が1951年に出した短中距離ジェット旅客機の仕様書に沿った案から選ばれたもので、政府の援助により開発が進められた。最大の特徴は、世界で初めて胴体後部の両脇にエンジンを装着したリアエンジン方式を採用したことである。プロペラを持つレシプロやターボプロップでは不可能な位置だった。そのエンジンとの干渉を避けるため、高めに配置した水平尾翼も独創的で、真後ろから見た形状から十字尾翼とも呼ばれた。主翼全体を揚力に使えること、脚を短くできること、エンジンが異物を吸い込みにくいこと、客室内の騒音を低減できることなど、リアエンジンのメリットは多く、その後複数の航空機がこの方式を採用している。

一方で開発期間を短くするために、胴体と客室のデザインは他機種からの流用とされた。その機体とは、なんとデハビランド・コメットだった。何度も空中分解を起こした飛行機の設計を、あえて流用したのである。ただし、コメットで問題になった、与圧による客室窓枠の亀裂を防止するための対策は施されていた。それが日本人からは「おむすび型」といわれた、曲率を大きくとった三角形の窓である。下側を広く取ったことで、乗客が地上の景色を見やすくしたという利点も併せ持っていた。エンジンも、実績を重視してコメット２～４同様、イギリスのロールス・ロイス製エイボンを使っている。ただし、後期には性能を上げるべく、アメリカのプラット&ホイットニー製ＪＴ８Ｄに積み替えている。カラベルは１９７２年の生産終了までに２７９機が生産されるという、フランス製飛行機のベストセラーになった。当初52人だった定員は最大１４０人乗りに達し、最高速度は８２５㎞／ｈと不満のない性能を誇った。

しかし世界の空が、ボーイング707とダグラスDC‐8のアメリカ機に支配されつつあったのも事実である。英仏は大型機では勝負にならないと悟り、別の道で勝負を賭けることにした。それがSST（スーパー・ソニック・トランスポート）、超音速旅客機だった。

イギリスは1956年11月に官民合同の超音速旅客機推進委員会（STAC）を発足させる。実はこの時点で、アメリカに共同開発を打診している。しかし交渉は破談に終わった。しかたなくイギリスはSSTの仕様を決めると、参加企業を募る。その結果、同年エンジン部門を切り離したブリストル・エアクラフトとホーカー・シドレーが手を挙げた。

その頃ドーバー海峡の向こうでは、1957年に政府がエールフランス航空からの要望を受け、60～70人乗りSSTの開発要求を出した。これに対してカラベルを成功させたシュド・アビアシオンがシュペール（スーパー）カラベルの名前で研究を始めたほか、ノール・アビアシオン、民間企業のマルセル・ダッソーも興味を示した。

この時点では英仏両国は、それぞれ単独でSSTを作るつもりだった。コメットとカラベルのような関係は、一度限りで終わる可能性もあった。ところが1960年代を迎えるとともに、歴史は再び2国をつなぎ合わせるのだった。

これに限らず、本書の主役となる３つの乗り物は、いずれも１９５０年代に萌芽を見ることができる。自動車会社としてのランボルギーニはまだ創設されていないが、会社設立のきっかけになったフェラーリはレースでの活躍を始めており、国鉄では新幹線の実現に向けてさまざまな研究が進んでいた。

しかも三者は、王者に対する挑戦者という点でも共通している。新幹線は、第２次世界大戦でアメリカをはじめとする連合国に敗れた日本の航空機技術者が開発に関わった。イギリスとフランスの航空機技術者は、伸長するアメリカ航空機業界に脅威を感じ、ＳＳＴで一矢報いようと目論んでいた。このあと１９６０年代に誕生するランボルギーニは、フェラーリへの対抗心が会社設立に結実した。後世に残る３つの高速移動体の誕生には、挑戦の気持ちが不可欠だったのである。

※7**デファレンシャルギア**　カーブでは外輪と内輪の回転が異なるので、両輪を直結させると走行抵抗が生じる。そこで間に、惑星のように公転しながら自転する「遊星歯車」を入れることで、回転数を自在につけられるようにしてある。差動歯車と訳される。

第3章

敗戦国が仕掛けた2つの革命
1960年代

東京駅・新大阪駅が決まった理由

東海道新幹線の起工式が、静岡県の新丹那トンネルで行なわれたことは前に書いた。ところがこの新丹那トンネル、起工式の前から掘り進められていた。戦前の「弾丸列車」計画の際、一部工事が進んでいたのである。東海道新幹線の実距離は全長515㎞だが、そのうち95㎞の用地は、弾丸列車計画時に買収していた。新丹那トンネルも例外ではなく、東側700m、西側1400mはすでに掘ってあった。静岡市西方にある日本坂トンネルは、弾丸列車のために作られたものを1949年から東海道本線が使用していたので、古いトンネルを改築して再び在来線を通し、弾丸列車用を新幹線用に「戻して」いる。この時点では、名古屋〜大阪間のルートは決まっていなかった。関ケ原経由に加えて、国道1号線のように鈴鹿峠を越えるルートも考えられた。しかし鈴鹿峠の横断には長いトンネルを掘らなければならず、多くの断層が横たわっていて難工事が予想されることから、関ケ原経由に落ち着いた。

東京と新大阪、両端の始発駅もすんなり決まったわけではない。東京側は新宿や汐留など10カ所の候補地があった。「新東京」が生まれる可能性もあった。しかし用地確保や他の鉄道への連絡を考えた結果、東京駅で決着した。

逆に大阪側は、現在の新大阪駅付近と大阪駅の一騎打ちになった。こちらでは神戸方面へ延伸する際の容易性も条件に入っており、大阪駅では新淀川を2度も渡る必要もあることから、新大阪が選ばれた。ここには車両基地と操車場（現在の宮原総合運転所）があったが、旅客駅は存在しなかった。そこで新幹線との交差部分に東海道本線の駅を新設するとともに、市内を縦断するメインストリート御堂筋とその下を走る大阪市営地下鉄御堂筋線を延伸することで、乗り換えの便を確保したのである。

ルート選定と並行して、200km／hを実現するための技術開発も行なわれた。まず取りかかったのは交流電化だった。200km／hで走る新幹線は、12両編成で約1万kWの出力が条件になる。151系特急電車「こだま」が8両編成で1600kWだったから約6倍になる。高速鉄道には直流より大きな電圧を持つ交流が必須だった。

日本の電気鉄道がそれまで直流を使ってきたのは、直流電動機（モーター）を使っていたことが大きい。直流モーターは、電圧に応じて回転数や出力を制御できるので、鉄道に適していたのである。しかし直流は実用上3000Vが上限であり、それ以上を目指すとコストが急激に跳ね上がってしまう。そこで欧米ではスイス、ドイツ、アメリカなどで戦前から交流電化が行なわれていた。当初は専用の周波数を使っていたが、戦後は一般家庭などで使われる商用周波数が主流になった。

国鉄ではテストケースとして仙山《せんざん》線仙台〜作並《さくなみ》間を交流電化し、1955年から交流電気機関車「ED44」と「ED45」が試運転をスタートしている。仙山線の電化はこれが初ではなく、1937年に開通した作並〜山寺間が、長い仙山トンネルを擁することから直流電化されていた。機関車が2種類用意されたのは、交流モーターのED44と、整流器（AC‐DCコンバータ）経由で直流モーターを回すED45を比較するためだった。テストの結果、発進時の力強さと整備の簡便さから整流器方式が選ばれ、その後の国鉄の標準になった。よって新幹線も整流器方式を採用した。

問題は周波数だった。日本は商用電源を導入する際、関東地方はドイツから50Hz、関西地方はアメリカから60Hzの技術を輸入した関係で、富士川を境に周波数が異なっていたのである。車両内で異なる周波数を使うことは不可能ではない。しかし新幹線は軽量・高出力が至上命題とされた。しかも大阪以西へ延伸の計画もあったことから60Hzに統一し、東日本では地上で周波数を変換する方式に決まったのである。

もうひとつ、架線にも問題があった。電車や電気機関車は、架線にパンタグラフ（集電装置）をバネの力で押し付けて集電している。つまり架線は均一な力で水平に吊ることが望ましいが、地球に重力が存在する以上むずかしい。しかも複数のパンタグラフを持つ列車の場合、架線が別のパンタグラフで押し上げられてしまうことがある。さらに高速では空気抵抗も加わってパンタグラフが架線から離れがちになり、アーク（火花）を発生するようになり、架線やパンタグラフの部品を溶解させることもある。フランス国鉄が331km／hを達成した際も、この事態が発生している。

飛行機に「音速の壁」が存在したように、当時の鉄道には「アークの壁」が存在しており、150〜160km／hあたりに壁があると考えられていたのである。これを克服することが新幹線の成功の鍵といわれていた。そこで1950年代初めから、鉄道技術研究所を中心として架線の研究が重ねられた。4種類の構造が候補に残り、比較を行なった。その結果「合成コンパウンドカテナリー方式」を使うことになった。吊《ちょう》架《か》線《せん》と呼ばれる上側の線と、パンタグラフに触れる下側のトロリーの間に補助吊架線を設けた「コンパウンドカテナリー方式」をベースに、上の2本の間にスプリングとダンパーの機能を備えた合成素子を挟んで揺れを抑えたもので、自動車流にいえばサスペンション付き架線である。比較実験は東北本線と東海道本線で行なわれた。前に紹介した1959年7月の151系による163km／h、翌年11月のクモヤ93による175km／hは、いずれも実験中の東海道本線金谷〜藤枝間でマークした数字だった。

ランボルギーニ、自動車に参入する

トラクターの製造で財を成したフェルッチオ・ランボルギーニは、1960年になると、違う分野に参入する。しかしそれはまたしても、スーパーカーではなかった。ボイラーとエアコンの製造販売だったのである。社名はランボルギーニ・ブルチアトーリといった。当時のイタリアでは、ボイラーやエアコンはそれほど普及していなかった。フェルッチオはそこに目をつけた。彼の目論見どおり事業は成功し、ランボルギーニの名はイタリア産業界のビッグネームになりつつあった。しかし、自動車から完全に興味が失せたわけではなかった。稼いだお金を高級車や高性能スポーツカーに注ぎ込んだのだ。その結果、彼のガレージには、メルセデス・ベンツやジャガー、そして当時すでにイタリアの富の象徴になっていたフェラーリが納まることになった。ただし、当時のフェラーリは、品質面で好ましいとはいえなかった。3ℓV型12気筒エンジンを搭載した1960年発表の「250GT」は大ヒットしたが、一気に生産台数が増えたことで、品質の低下を招いていた。おまけに同年12月には、社長エンツォの経営方針に不満を持った8名の幹部社員が一斉に退職するという事態も起こっていた。

同じ乗り物の生産に関わっていたフェルッチオが、この変化に気づかないはずはない。しかもあるとき、所有していたフェラーリのクラッチ故障を直すべく部品を注文したところ、届いたのはランボルギーニのトラクターに使われているものと同じ会社の部品だった。ところが請求金額は大きく違った。なんと10倍の金額だったのである。フェルッチオはさっそく、フェラーリに抗議の手紙を送るが、あっさり門前払いされてしまう。怒った彼は１９６２年末、フェラーリに対抗するスポーツカーを作るための会社を興すという道を選ぶ。

翌年５月、サンタアガタ・ボロネーゼという北イタリアの小さな街にアウトモビリ・フェルッチオ・ランボルギーニが設立される。設計においては、フェラーリの幹部社員退職騒ぎを活用した。２５０ＧＴがベースのレース用車両「ＧＴＯ」を開発したジオット・ビッザリーニに、エンジン設計を依頼したのである。エンジン形式はフェラーリと同じＶ型12気筒であるが、当時のフェラーリが、シリンダーの吸排気バルブ開閉を行なうカムシャフトが１本のＳＯＨＣ方式だったのに対し、吸排気バルブをそれぞれ専用のカムシャフトで動かすＤＯＨＣ方式とした。排気量は２５０ＧＴの３ℓに対し３・５ℓと上回っていた。ただし、このエンジンは自社製だったものの、細い鋼管を溶接することで組み上げたフレームの製作は、モデナのネリ＆ボナッチーニに依頼された。ボディ、デザインがフランコ・スカリオーネ、製作がサルジオットというイタリア人に任された。そして、ランボルギーニ自身は最終組み立てのみを行なった。

ヨーロッパのスポーツカーメーカーは、こうした生産方法が一般的で、モデナやボローニャ周辺にはフレーム製作などを請け負う工房が数多く存在していた。サンタアガタ・ボロネーゼは、1914年設立の名門スポーツカーメーカー、マセラティの本社工場があるモデナの東約15㎞の位置にあり、フェラーリがあるマラネロはモデナの南南西約15㎞にある。フェルッチオがこの場所に工場を構えたのは、地勢的要因もあったのである。

一方でフェルッチオは、若い人材も積極的に採用した。その代表が、ミラノ工科大学卒業後、フェラーリを経てマセラティでシャシー設計に従事していたジャンパオロ・ダラーラだった。当時彼はまだ24歳だったが、フェルッチオに誘われてチーフエンジニアの座に就いた。同じ時期に、ともに25歳のエンジニアとテストドライバーも入社した。パオロ・スタンツァーニとボブ・ウォレスだった。伝統の技で君臨するフェラーリに、新しい血で立ち向かう、ベンチャー企業らしい人員配置だった。

しかしランボルギーニは最初からスーパーカーを作ろうとしていたわけではない。フェルッチオはあくまで、自分が乗りたいGT（グランドツーリングカー）を出したかった。それが証拠に、1963年10月にトリノのモーターショーで発表された第1号車「350GTV」は、ヘッドランプこそ多くのスーパーカーが採用するリトラクタブル（格納）式だったものの、V12エンジン

ランボルギーニ350GT

はフロントに積まれ、２人乗りの車内は上質な仕立てを施していた。フェルッチオはこの３５０ＧＴＶのデザインやクオリティに不満を持っていたようで、ボディの造形と製作をトリノの名門カロッツェリア（ボディ製作会社）である、ツーリングでやり直させた。同時にフレームは社内製作に切り替えた。これがランボルギーニの市販第1号車「３５０ＧＴ」で、新幹線の開業と同じ１９６４年の3月に開催されたジュネーブ・モーターショーで発表された。ところがこの第1号車、短命に終わってしまう。理由はフェラーリが同じショーで、２５０ＧＴに代わる新型車「２７５ＧＴＢ」を登場させたからである。２７５ＧＴＢは排気量こそ３・３ℓとやや小さかったものの、最高出力は２８０psと、３５０ＧＴを10psだけだが上回っていた。

フェルッチオはすぐに排気量拡大を決断する。1965年に登場したこの車種は「350GT 4ℓバージョン」とされたが、これは便宜的措置だったようで、翌年3月のジュネーブショーで「400GT」が発表された。パワーは320psと、275GTBに大差をつけていた。400GTはアメリカ輸出を考慮していたことも特徴で、ボディパネルをアルミからスティール製、ヘッドランプを楕円形2灯から丸型4灯に変え、プラス2（子供や荷物用）のリアシートを用意し、トランクは拡大されている。すでにフェラーリは、その名も「アメリカ」というサブネームとともに、同地域向けとして大排気量のグランドツーリングカーを送り出していた。フェラーリに対抗するためにはアメリカへの進出が不可欠だったのである。

「コンコルド」の名付け親は誰か

フェルッチオ・ランボルギーニが新事業を興した1960年、英仏両国のSST計画も新しい局面に入った。

イギリスの超音速旅客機推進委員会（STAC）はこの年3月、ブリストル・エアクラフトとホーカー・シドレーから提案されていたSSTを検討した結果、ブリストルが出した機体「198」を選択することになった。ただし、それがブリストルを名乗るのは、このときが最後だった。

同社はこの年、ビッカース、イングリッシュ・エレクトリックなどとともにＢＡＣ（ブリティッシュ・エアクラフト・コーポレーション）という新会社を結成したからである。同様にして、４年前に分離独立したエンジン部門ブリストル・エアロエンジンはアームストロング・シドレーと合併し、ブリストル・シドレーになった。

イギリスは自動車の世界でも、１９５２年にオースチンが、モーリスやＭＧなどを擁するナッフィールドグループと統合してＢＭＣ（ブリティッシュ・モーター・コーポレーション）を結成し、66年にジャガーが加わってＢＭＨ（Ｈはホールディングスの頭文字）になったあと、２年後にローバーやトライアンフといったブランドを持つレイランドと合併してＢＬＭＣ（ブリティッシュ・レイランド）に発展している。

国際競争を生き抜くために整理統合を余儀なくされたという点で、この時代のイギリスの自動車と飛行機の両業界は共通していた。この結果、ブリストル１９８はＢＡＣ「２２３」と名を変え、６基エンジン１３０人乗りという仕様も4基エンジン１１０人乗りに変わっていた。

フランスではシュド・アビアシオンとマルセル・ダッソーの案が近かったことから、同じ１９６０年にこれを採択することになり、開発はシュドが行なうことになった。それを記念するように、同年5月のパリ航空ショーにはシュペールカラベルの模型が展示されている。

オリンパス593ジェットエンジン

英仏の担当者が、2国のSSTが似ていることに気づくまで、時間はかからなかった。しかも両国は膨大な開発資金に悩んでいた。当初はコメットとカラベルの関係のように、一部を共用する話から始まったが、しだいに計画そのものを統合する方向に進んでいく。BACとシュドの最初の話し合いは1961年6月にパリで持たれ、11月にはエンジン開発を行なっていたブリストル・シドレーと1945年設立のフランスのスネクマ（SNECMA＝国営航空エンジン開発生産会社）が、ひと足先に共同開発を行なうことで合意する。年が明けると、ブリストル198やBAC223に採用が予定されていたオリンパス593ジェットエンジン4基の搭載が明らかになった。そして11月29日、共同開発の合意書がロンドンで調印されたのである。プロジェクトの最高決議機関は両国政府から7名ずつによって構成され、議長は英仏で1年ごとに交代することになった。

ＳＳＴ開発の理由は両国で微妙に異なっていた。イギリスはあくまでも、航空先進国としての威信を誇示するためだった。対するフランスは、大型機をアメリカに制覇された今、残る道はＳＳＴしかないというニッチ志向だった。しかし目標が同じ以上、手を組んだほうがいいという結論に落ち着いたのだ。イギリスにはもうひとつの目的があった。１９５８年に発足したＥＥＣ（欧州経済共同体）へ加入すべく、ＥＥＣの主導国であるフランスと緊密な関係を築いておこうと考えたのだ。しかしこの目論見は、フランス側に利用されてしまった。シャルル・ドゴール仏大統領は、バックにアメリカの影を感じたという理由をつけ、ＳＳＴの合意を取り付けた直後の１９６３年１月、イギリスのＥＥＣへの参入を拒否してしまったのだ。

ＳＳＴの名前がコンコルドに決まったのは、このときのドゴール大統領の記者会見がきっかけだった。イギリスのＥＥＣ加盟拒否を発表した大統領は、これによって両国が進めてきた共同作業が中止されることはないと述べ、続いて「両国は超音速旅客機コンコルドを共同生産すると決定している」と口にした。コンコルドはフランス語で「協調」を意味する。フランス側には命名の意志はなく「両国が協調して」という意味でこの単語を使ったにすぎなかった。しかし報道関係者には、ＳＳＴの名前がコンコルドであると聞こえた。

困ったのはイギリス側である。英語にも類似の単語は存在するが、Ｃｏｎｃｏｒｄと語尾のｅがなく、コンコードと発音する。英仏共同開発なのに、名前がフランス語というのは腑に落ちない。そこでイギリスでは、名前がコンコルド（コンコード）であることは認めたものの、綴りは語尾のeがない英単語にこだわり続けた。正式にConcordeを認めたのは、それから5年近くが経過した1967年12月、第1号機ロールアウトの場だった。イギリス側は語尾のeを、エクセレンス（卓越）、イングランド、ヨーロッパ、アンタント（協約）の頭文字だと説明し、「長年コンコルドを傷つけてきたただひとつの不一致をわれわれが解決しよう」と、イギリスらしい言い回しでこの問題の幕を引いた。

両国の姿勢の違いは、開発開始直後から露呈していた。ドゴール大統領の主導で潤沢な資金が投入されたフランスに対し、経済再建に苦しむイギリスでは1964年10月の総選挙でジェームス・ハロルド・ウィルソン率いる労働党政権が誕生すると、コンコルド開発からの撤退を発表したのである。当然ながらフランス側は怒り、ドゴール大統領が国際裁判所に訴えると息巻いた。結局イギリスは翌年1月この発表を否定し、コンコルド計画は予定どおり進行することになった。

開業前に新幹線の線路を走った列車とは

新幹線には日本初の機構が多かった。そのひとつがATCである。自動列車制御装置の略で、状況に応じてスピードを一定レベルまで自動的に減速するものだ。停止を行なうものはATS、加速まで自動で行なうものはATOという。ATCを導入したのは、200㎞/hという高速では、運転士が地上の信号を確認できないからだった。しかし運転席に青・黄・赤のランプが並んでいるわけではない。速度域があまりに幅広いので、3段階では不十分であり、6段階で運転士に知らせることになったのだ。6段階なら色よりも数字のほうがわかりやすいということから、210、160、110、70、30、0㎞/hの数字を使うことになっている。

もうひとつのハイテクとして、CTC（列車集中制御装置）も忘れてはならない。それまで駅で管理していた駅周辺の信号や分岐器（ポイント）を、1カ所の管理施設で集中制御するものだ。ただしこちらは新幹線が初採用ではなく、国鉄では1958年から伊東線で使われている。

レールは重いほうが高速走行に適している。そこで従来もっとも重い、1mあたり50㎏の50PSレールを上回る、53・3㎞の50Tと呼ばれるレールが使われた。しかも継ぎ目を溶接して長さを1500mにしたロングレールを全面的に採用することで、乗り心地をよくし、騒音や破損を防止している。もっとも新幹線が日本で初めてロングレールを採用したわけではない。日本初は交流電化と同じ仙山線で、1937年開通の作並～山寺間の仙山トンネル内に敷設されていたのである。東北地方の一支線が、新幹線の実現に重要な役目を果たしていたことがわかる。

木ではなくコンクリート製のPC枕木を使用したことも特徴だ。標準軌なので木では高価になること、ロングレールを支えるために剛性が必要なことが理由だった。PCはプレストレスト・コンクリートの略で、あらかじめ張力を与えた鋼線を埋め込むことで、引っ張り力に弱いコンクリートの弱点を解消したものである。国鉄では1952年に在来線で実用化されていた。

工事ではさまざまな問題に直面した。東海道新幹線では総距離515㎞のうち227㎞が盛土《もりど》と考えられたが、当初盛土で計画していたのに、「降雨時の災害防止や将来の発展のため」という地元の要望で、工事費の高いコンクリート高架に変更するという事態があちこちで発生したのである。用地買収に難航する箇所もあり、土地収用法に頼る場面もあった。すべての用地が確保できたのは1964年1月と、開業のわずか9カ月前だった。

線路は想定最高速度210㎞／hで設計されたので、曲線の最小半径を2500mとした。ただし例外がある。東京都内は品川まで東海道本線、その後は神奈川県境の多摩川まで品鶴《ひんかく》線と呼ばれる貨物線（現在は横須賀線）という在来線に沿って走ることから、特例として曲線半径は400mと小さくなっており、最高速度を抑えている。

工事開始から2年が経過した1962年6月、神奈川県の相模川東岸から小田原付近まで約30㎞のモデル線が完成し、走行試験を始めた。この区間は大部分が「弾丸列車」計画時に用地買収が済んでいて、いち早く建設できた。同年に作られた試験電車「１０００」は10月、ここで２００km／ｈをマークした。２カ月前には戦後初の国産旅客機、日本航空機製造の「ＹＳ‐11」が初飛行を成功させていた。試験車が２５６km／ｈという記録を出した１９６３年には、わが国初の都市間高速道路、名神高速道路が部分開通している。国全体が高速化への歩みを急ピッチで進めていたのである。

ところで同じ１９６３年の４月からは、京都〜新大阪間の線路上に、新幹線以外の車両が走行するという珍事が生まれている。京都・大阪府境では、天王山と淀川に挟まれた狭い場所に東海道本線と阪急電鉄（当時は京阪神急行電鉄）京都線が走っており、新幹線は阪急に沿った場所を高架で進むことになった。しかしこの結果、新幹線の走行によって阪急の路盤が歪んでしまうことが判明。そこで阪急も高架化することになり、先に新幹線の工事が完了したので、阪急電車を走らせたのだ。阪急は新幹線と同じ標準軌を採用していたので、架線電圧を交流２万５０００Ｖから直流１５００Ｖに変え、大山崎、水無瀬《みなせ》、上牧《かんまき》の３つの仮設駅を用意するだけでよかった。同年12月に阪急用高架線が完成したことで、珍事は１年足らずで終幕を迎えたが、この区間を最初に走ったのは間違いなく阪急電車だったのである。

驚くことに、この時点では貨物列車を走らせる計画も浮上していた。東京〜新大阪間を３時間で結ぶとなれば、夜行列車の必要はない。そこで夜間に貨物列車を走らせようという考えが浮かんだのだ。車両は旅客列車と同じ動力分散式で、２００３年に登場したＪＲ貨物の「Ｍ２５０系」に近い方式といえる。Ｍ２５０系は世界初の貨物電車といわれているが、新幹線で貨物輸送が実現していれば、世界初の称号はさらに40年近く前に取得していたことになる。黄緑色の塗装と「戸口から戸口へ」のキャッチコピーでおなじみだった５ｔコンテナを一列車に１５０個積むコンテナ方式で、最高速度は１３０㎞／ｈとされた。旅客列車とは速度差があるが、そもそも走行時間帯が異なるのだから問題にはならない。しかし、資金事情の制約や夜間の保守間合いの問題などから、最終的には採用が見送られた。

英仏共同開発がもたらした弊害

コンコルドの設計で最初に決められたのは最高速度だった。超音速機はスピードによって使用する素材が異なってくるからだ。当時、マッハ３で飛ぶ飛行機は皆無であり、空気抵抗による加熱の増大や低速での操縦性に不安があった。とくに前者は、アルミでは耐えられず、鉄では重量、チタンではコスト面で不利であるという結果が出た。結局、戦闘機などで経験済みのマッハ２で決定した。この頃は長距離用と中距離用、２種類のコンコルドを作るつもりだった。英仏でＳＳ

T開発の目的が異なっていたからだ。しかし１９６４年６月、フランス側が考えを改めたことで、長距離機に一本化された。

開発は両国が均等に負担することになった。たとえば工場は、イギリスでは第２次世界大戦直後に開発されたものの、試作のみで中止された超大型旅客機「ブリストル・ブラバゾン」用の巨大な工場が使われ、フランスはトゥールーズに新規に施設を建てた。開発は機体がＢＡＣとシュド・アビアシオン、エンジンはブリストル・シドレーとスネクマによって分担された。

それだけではない。機体ではエンジンと機首、尾翼がイギリス、主翼と操縦系、胴体がフランスの開発とされ、生産も胴体前後と尾翼はイギリス、胴体中央部がフランスと分担された。最終組み立てまで奇数号機をトゥールーズ、偶数号機をブリストルで担当するという徹底ぶりだった。そのため数え切れないほど多くの部品が英仏海峡を横断することになり、ただでさえ高いコストをさらに押し上げた。あまりに面倒なので、一部の部品は規則を破って自国内で調達されることになった。当初はスタッフ移動用の飛行機も少なかった。ブリストル〜トゥールーズ間は直行便がなく、単なる移動に1日近く要していた。この問題は後に専用機が導入されて一件落着したが、図面の単位さえメートルとフィートが併記されており、開発担当者は相手側の言語を勉強する必要に迫られた。

開発途中に、イギリス側ではまたも社名の変更が行なわれた。オリンパス593エンジンの開発を担当したブリストル・シドレーが、1966年ロールス・ロイスに吸収されたのである。ちなみにオリンパス・エンジンは、1950年代に当時のブリストルの手で開発され、爆撃機アブロ「バルカン」、超音速爆撃試作機BAC「TSR－2」に使われたもので、593は発展型である。オリンパスという名前はギリシャ神話から取ったもので、ブリストルの命名法に沿ったものだった。コンコルドへの搭載に際しては、前後2カ所に傾斜板と補助空気取入口が追加され、離陸時やマッハ0・6以下ではこれが開き、マッハ1・3以上ではこの3つが最適の角度に変わることで、エンジン内の空気の流れが常にマッハ0・5相当になるよう、調節していた。音の壁、つまり衝撃波によってエンジンの破損を防ぐための措置だった。

他の旅客機にない装置として、アフターバーナーがある。排気口内に燃料を噴射して点火し、推進力を増加させるもので、離陸時とマッハ1・7以下の加速での使用を想定していた。ただし推力50％アップを実現していた軍用機に比べると、コンコルドのそれはおだやかで、最大20％アップに留まっていた。

制御系は最初、一般的な油圧式を採用する予定だった。しかしそれはコメット／カラベルの発展型で、信頼性の点でいまひとつだったこともあり、電子制御に切り替えられた。コンコルドは

コンコルドの機首（写真提供：エールフランス航空）

操縦桿の動きを電気信号で油圧装置に伝える、いわゆるフライ・バイ・ワイヤを初めて搭載した飛行機になったのだ。ブレーキにカーボンを使ったのもコンコルドが初だった。

主翼は音速付近での衝撃波が起こりにくいデルタ翼（三角翼）を採用しており、水平尾翼はない。ただし単純な三角翼ではなく、翼縁がＳ字曲線を描くオージー翼と呼ばれる形状を採用していた。翼端の途中に角度をつけて離着陸性能を上げたダブルデルタ翼の変形である。

翼の内部を燃料タンクとして活用するのは他の旅客機と同様だが、コンコルドでは前後に長い構造を利用し、燃料を移動させることで重心位置を動かし、操縦を補完するという新しい機能も組み込まれていた。

コンコルドの機首が下に折れ曲がるのは、この翼が理由だった。デルタ翼は離陸時には揚力を得るため、着陸時には揚力を確保しつつ減速を行なうために、機体を大きく傾ける必要がある。このときに操縦席の視界がさえぎられることから、機首だけを下に折り曲げる方式が考案されたのである。角度は離陸時に5度、着陸時は当初17・5度だったが12・5度に変更された。ただ折り曲げるだけでは、機首と窓の間に段差が生じてしまい、空気抵抗になってしまう。そこで生み出されたのが可動式のバイザーだった。最初は金属製だったが、後に視界を確保できる透明のものに置き換えられた。

「ひかり」の所要時間が3時間10分になった理由

東京オリンピックを9日後に控えた1964年10月1日、東海道新幹線は開業した。ランボルギーニが第1号車350GTを発表し、コンコルドが英国の政権交代で存亡の危機に瀕していた頃、「ひかり」と「こだま」は走り始めた。東京〜新大阪間の所要時間は「ひかり」が4時間、「こだま」は5時間だった。なぜ当初の計画どおり3時間ではなかったのか。路盤が固まっていなかったため、徐行を必要とする区間が多かったからである。営業運転も工事の一部だったことになる。自動車でいう慣らし運転の期間だったといえよう。

当時は新幹線の代わりに「夢の超特急」というフレーズもよく使われた。しかし厳密には、超特急と呼ばれたのは名古屋と京都のみに停まる「ひかり」だけだった。各駅停車の「こだま」は特急だったのだ。東京～新大阪間の特急料金も「ひかり」が１３００円、「こだま」１１００円と違いがあった。

当初は開業１年後の１９６５年10月に実現するはずだった３時間運転は、台風シーズンであることを考慮し、11月にずれこんだ。中京地区に甚大な被害を出した伊勢湾台風の上陸から、まだ６年しか経過していなかったためだ。

ところが時刻改正後、きっかり１時間短縮して４時間運転となった「こだま」に対し、「ひかり」は３時間10分と50分のスピードアップに留まった。これは京都に停車したことが理由だった。計画当初、新幹線は建物の密集した京都駅を通らず、名神高速道路と同じように、市の南部を通過する予定だった。しかし政治家や経済界を中心に猛反発が起こり、京都駅乗り入れが決まった。ところがこの時点では「ひかり」の停車計画はなく、またも反対運動が起こる。結果的には古都のプライドに国鉄が折れる形になり、停車と加減速に要する10分が加えられたのである。

１時間あたり「ひかり」と「こだま」各１本ずつという列車本数も驚きである。しかし予想をはるかに上回る乗客数に対し、翌年には各２本、その２年後には３本ずつと本数が増加した。

ここまでは「ひかり」と「こだま」は同数だったが、1969年10月には「ひかり」は3本のまま、「こだま」を6本と倍増させている。今では考えられないことだが、当時の新幹線は「ひかり」より「こだま」のほうが、需要が多かったのだ。開業当初は現在よりも駅数が5つも少なく、「ひかり」と「こだま」の時間差が少なかったせいもあるだろう。開業後半年間の1日平均乗客数は、当初予想の1・5倍にあたる1日平均6万人だった。もし新幹線が失敗に終わったら、この東京~新大阪間だけで工事は終了していたかもしれない。時代が新幹線を求めていたといえる。

自信を持った国鉄は、さっそく山陽新幹線の工事に取りかかる。山陽本線も1970年代には輸送限界に達するという予想があり、複々線化は必須だった。まず1965年9月に岡山まで、さらに4年後の9月には博多までの工事が認可された。

さらに新幹線の成功は、世界を動かした。それまで欧米では、鉄道は飛行機や自動車に追われて衰退する斜陽産業だと思われていた。東洋の島国が作った一本の路線が、世界の流れを変えてしまったのだ。

いち早く追従姿勢を見せたのは、1950年代に331㎞/hという世界最高記録を樹立したフランスだった。しかし他人と違うことに誇りを持つ国らしく、電気鉄道での挑戦はしなかった。少し前に実用化されていたホバークラフトの原理を活用した、空気浮上式鉄道を選んだのである。

アエロトラン01（写真提供：Société Bertin）

考案したのは、コンコルドのエンジン開発に関わったスネクマ出身のジャン・ベルタンである。彼はホバークラフトの勉強のためイギリスを訪れた後、１９６５年にフランス政府の援助を受け、その名も「アエロトラン研究会社」を設立する。その年の末には試作の01号車が完成する。２基の浮上用ファンはルノー製ガソリンエンジン、前後進用ファンは飛行機用エンジンで駆動された。翌年２月に１００㎞／hを達成すると、直後に２００㎞／hをマーク。その後１７００psのロケットエンジンを追加し、１９６７年11月には３４５㎞／hという、従来の鉄道最高速度記録を塗り替えた。同年３月にはプラット&ホイットニー製ジェットエンジンを積んだ02号車の製作が始まり、翌年5月の最初のテストですぐに３００㎞／hを出すと、１９６９年1月にはなんと４２２㎞／hを記録してしまった。アエロトランは磁気浮上式リニアモーターカーの親戚ということができる。磁気浮上式が新幹線を超える存在と認識されているように、当時のフランスではアエロトランが新幹線を超える存在と認識されていたのかもしれない。

一方アメリカでは、航空機産業の鉄道への転換という形で、ガスタービン動車が生まれている。ジェットエンジン製造のプラット＆ホイットニーを傘下に持つユナイテッドエアクラフト（現ユナイテッドテクノロジーズ）が製作した「ＵＡＣターボトレイン」で、１９６８年から営業運転を始めている。ＵＡＣターボトレインは、ガスタービンエンジンで発電した電気で走行する電気式で、１軸台車を用いた連接方式、台車直上の天井から車体を吊り下げる自然振り子方式など、それ以外にも新機軸を満載した車両だった。営業運転での最高速度は１６０㎞／ｈだったが、運行開始前年の12月に試験線でガスタービン車の世界記録である２７５㎞／ｈをマークしている。ただし、アメリカは鉄道のスピードには関心がなかったようで、この数字が現在なお北米の営業用鉄道車両の最高速度記録であり続けている。

フランスでも自国のチュルボメカ製エンジンを積んだ初のガスタービン車、「ＴＧＳ」（ガスタービン特別車両の頭文字）が１９６７年に試作されている。こちらは4年後に２５２㎞／ｈを記録した。実はこのＴＧＳが、後のＴＧＶの開発につながっている。

ミウラはレーシングカーとして生まれる予定だった

創業当初のランボルギーニには、スーパーカーが出そうな雰囲気はなかった。しかし会社の片隅では、若いエンジニアたちが動き始めていた。ダラーラが中心となって、運転席の背後にエンジンを積むミッドシップ方式のスポーツカーの設計を始めていたのだ。

当時レースの世界では、車体前後の重量配分を適正に近づけられ、加速やハンドリング、ブレーキでフロントエンジンより優位にあるミッドシップが主流になり始めていた。市販車ではフロントエンジンに固執していたフェラーリも、レースではこの方式にスイッチしていた。

それだけではない。実用車のイメージしかなかったアメリカのフォードまでが、ブランドイメージを高めるために、ルマン24時間レースへの参戦を発表。イギリスのレーシングカーメーカーのローラの協力を得て、マシンを開発した。「GT40」と名づけられたこれもまた、ミッドシップだった。さらにGT40は、レーシングカーではいち早く、モノコック構造も使われていた。飛行機の世界では1913年に初採用されたモノコックは、第２次世界大戦前に一部の自動車に導入されていたが、レーシングカーはオープンボディが多いこともあり、別体のフレームを持つ構造にこだわっていたのだ。

GT40はフォードの4・7ℓV8エンジンを縦向きに積んでいたが、ランボルギーニには長いV12しかないので、ダラーラはモノコックのミッドシップというGT40の構造を参考にしつつ、エンジンは横置きにした。設計図はまもなくできあがり、フェルッチオの了解も得た。エンジンとシャシーだけの試作車は1965年には完成した。ところがフェルッチオはこの試作車に「P400」（Pはポストリエーレ＝リアエンジンの頭文字、400は4ℓの意味）という名前を与えると、11月に開催されたトリノ・モーターショーに、「新型スポーツカー用シャシー」として展示してしまった。彼は最初から、レース参戦など考えていなかった。それが証拠に、フェルッチオはショーの会場でボディ製作を請け負うカロッツェリアを探し、ベルトーネとの間で話をまとめる。

当時イタリアのカロッツェリアは、ピニンファリーナとベルトーネが二大巨頭だった。しかしピニンファリーナはすでにフェラーリと深い関係にあった。ランボルギーニがベルトーネを選んだのは当然といえた。それまでチーフデザイナーを務めていたのはジョルジェット・ジウジアーロだったが、彼は直前にベルトーネを辞めてしまったので、スタイリングを担当したのは後任に納まったマルチェロ・ガンディーニだった。こうしてボディを与えられたP400は、フェルッチオの友人がオーナーを務めていたスペインの闘牛牧場の名を取って「ミウラ」と名づけられ、

ランボルギーニ・ミウラ

１９６６年のジュネーブショーで発表された、４ℓＶ12エンジンは最高出力が３５０psに高められ、最高速度は２８０km／hに達した。

　ライバルのフェラーリは同じ年、エンジンをランボルギーニと同じＤＯＨＣとすることで性能向上を図った「２７５ＧＴＢ／４」を送り出したが、排気量が３・３ℓだったこともあって最高出力は３００ps、最高速度は２６０km／hに留まっていた。名門マセラティが同年発表した「ギブリ」は、ベルトーネからギアに移ったジウジアーロがデザインしたボディに、３３０psを発揮する４・７ℓＶ８ＤＯＨＣを積み、２６５km／hを出すとされた。しかし２７５ＧＴＢ／４同様フロントエンジンであり、ミウラに比べるとひと世代前という印象は否めなかった。

　マセラティと同じモデナで１９５９年、アルゼンチン生まれのアレッサンドロ・デトマソが創業したデトマソは、イギリスフォード製1・5ℓ直列4気筒エンジンをミッドシップ搭載した「バレルンガ」に続き、この年フォードGT40と同じ4・7ℓV8を用いた「マングスタ」を発表した。こちらもデザインはギアのジウジアーロが担当していた。

ミッドシップであることはミウラと並んでいたマングスタだったが、フォードV8のパワーは306psに留まっており、トップスピードは250㎞/hに甘んじていた。

ドイツでは、ミウラ発表の2年前にポルシェ「911」の販売が始まり、日本では1967年にトヨタ「2000GT」が発表されている。しかし2台のエンジンはいずれも2ℓ6気筒で、最高出力と最高速度は911が130ps・210㎞/h、2000GTが150ps・220㎞/hにすぎなかった。

イギリスにはアストン・マーティン「DB6」とジャガー「Eタイプ」という、6気筒DOHCエンジンを積む高性能スポーツカーが存在していたが、DB6は4ℓ286ps、Eタイプは4・2ℓ269psで、トップスピードはともに240㎞/hだった。ミウラの性能がいかに突出していたかがわかろう。しかもミウラはミッドシップのV12というメカニズムについても他を圧倒していた。こうしてランボルギーニはスーパースポーツカーの雄として一躍注目されることになったのだ。

ケネディの野望とコンコルドスキー

コンコルド開発の一報を聞いて、いち早く反応したエアラインがあった。今はなきアメリカのパンアメリカン航空（パンナム）である。共同開発の調印から半年後の１９６３年６月、パンナムはコンコルド６機の仮発注を行なうと、後にこれを８機に増やしたのだ。日本航空（ＪＡＬ）など他の航空会社もこの流れに乗り、ウェイティングリストを積み重ねていく。さらにパンナムの決定は政府までも動かした。アポロ計画に熱心だった民主党のジョン・フィッツジェラルド・ケネディ大統領が、パンナムの仮発注直後にＳＳＴ開発を明言したのだ。初飛行は４年後という目標までアナウンスされた。

アメリカでは１９５６年から、ＮＡＣＡ（その後１９５８年にアメリカ航空宇宙局＝ＮＡＳＡ＝に発展）でＳＳＴの研究が始まり、ＦＡＡ（連邦航空局）に報告が送られていたが、当時から政府による支援が不可欠と考えられていた。しかし、アメリカの旅客機は民間企業による自主開発が基本である。よって１９６０年代に入るまで具体的な動きはなかった。それが鶴の一声で事態が一変した。開発に参加したのは、ボーイング、ノースアメリカン、ロッキードの３社だっ

SST研究に使われたノースアメリカンA-5A（写真提供：NASA）

た。いずれもコンコルドより大型で高速の機体を考えていた。

それだけではない。コンコルドのライバルはもう1機あった。1965年のパリ航空ショーに、まず模型として展示されたそれは、ソビエト連邦（現ロシア）が持ち込んだ。後にツポレフ「Tu-144」と名づけられる機体である。ソ連航空界の父といわれるアンドレイ・ツポレフが率いるツポレフは、1955年、デハビランド・コメットに続く世界で2番目のジェット旅客機「Tu-104」を飛行させた実績を持つ。しかし、息子のアレクセイ・ツポレフが主任設計者を務めたTu-144は、角度可変式の機首からデルタ翼までコンコルドそっくりだった。ゆえに西側から「コンコルドスキー」というありがたくない俗称をもらうことになった。

アンドレイは「同じ目的で飛行機を作れば形が似るのは当然」と反論したが、その後イギリスやフランスでソ連側のスパイと見られる人物の行動が何度か報告されたのもまた事実である。ただし、いくつかの部分はコンコルドと異なっている。最高速度はマッハ2・35、客室の座席は1列4席のコンコルドに対し5席で、定員は140人だった。2基ずつ左右に振り分けられたエンジンが胴体の下に寄せて装着され、脚がエンジンカバーから生えていた点も違っていた。

この間アメリカでは、1963年11月に暗殺されたケネディのあとを受けてリンドン・ベインズ・ジョンソンが大統領に就任し、翌年の選挙で信任を得た。彼もSST計画を推進した。その結果1966年末、ボーイングが提案した「2707」が最終決定で選ばれた。マッハ2・7の300人乗りで、主翼は速度に応じて角度を変える可変翼という、アメリカらしい派手な機体だった。

翌年1月、「SSTコーポレーション」なる会社の設立が提案される。旅客機は民間開発という鉄則を破ってでも、欧州やソ連に勝つべきというアメリカの主張が感じられた。しかしこの時点で、政府は膨大な資金をつぎ込んでおり、議会では計画中止の声が上がりはじめた。今から本腰を入れても、欧州とソ連には追いつけないという意見だった。

その頃ボーイング2707は、可変翼の剛性確保にともなう重量増という悩みから抜け出せず、1968年秋に固定翼に変えてしまった。さらに同じ頃、大統領選挙で共和党のリチャード・ニクソンが当選する。ニクソンはSST開発を続けると明言したものの、環境保護に積極的だった人物ゆえ、反対派の声が一段と高まることが予想された。

そんななか、世界で初めてSSTが空に舞った。同年12月31日、ツポレフTu‐144が初飛行を成功させたのだ。新幹線開業の4年後、ランボルギーニ・ミウラ発表2年後の快挙だった。飛行時間は約30分で、頭を下げ、脚を出したままで、超音速飛行は行なわなかったが、もし実行していれば1000km離れたクリミア半島まで到達するとされた。一部の新聞ではこれが誤訳され、実際に超音速飛行を行なってクリミア半島まで達したという報道がなされてしまったが、いずれにせよ、世界初のSST飛行であることは間違いなかった。

コンコルドはどうだったか。試作機001の生産はフランス側トゥールーズのシュド・アビアシオン、002はイギリス側ブリストルのBACで行なわれ、1号機は1967年12月、2号機は翌年9月に公開されていた。初飛行は1969年3月2日、フランス側の1号機で行なわれた。アンドレ・トゥルカ機長の手で42分間、速度400km/hでトゥールーズ上空1万mを舞った。翌月9日には2号機が、ブリストルから英空軍フェアフォード基地まで初飛行を行なった。音速を超えたのは10月1日で、1号機によってマッハ1・05が達成された。しかしこれも、ツポレフに先を越されていた。Tu-144は6月5日に達成していたからである。

そしてもう1機、後にコンコルドの最大のライバルになる機体も、この年アメリカで登場している。ボーイング「747」、通称「ジャンボジェット」である。747はコンコルドに3週間先がけた2月9日に初飛行を済ませ、6月のパリ航空ショーではコンコルドとともに展示された。1969年は、飛行機の未来を占う最速と最大の戦いが始まった年でもあったのである。

英仏両国が、このコンコルドの共同開発に調印したのは1962年。同じ年には新幹線の走行実験も開始され、翌年には自動車会社ランボルギーニが誕生し、続く1964年に東海道新幹線が開業すると、2年後にはランボルギーニ・ミウラが発表され、1969年のコンコルド初飛行に至っている。1960年代は最速に賭けた3つの想いが、急速に具現化された時期であることがわかる。

そのなかで興味深いのは、コンコルドにはアメリカやソ連がライバルとして名乗りを上げ、ランボルギーニ・ミウラには同じイタリアのフェラーリやマセラティ、デトマソという競合相手が存在したのに対し、新幹線はしばらくの間、孤高の高速鉄道として君臨し続けたことである。

鉄道はいずれ衰退すると考えていた欧米の人々にとって、東洋の島国から超特急が登場したことは、青天の霹靂《へきれき》だったのだろう。しかしヨーロッパの人々は新幹線の存在を無視できず、遅ればせながら高速鉄道の研究を始めた。世界を動かしたという点で、新幹線にはコンコルドやカウンタックを超えるエネルギーが宿っていたといえるかもしれない。

第4章

環境問題と石油危機に対峙する

1970年代

ミウラの反省から生まれたカウンタック

1966年のジュネーブショーで衝撃的なデビューを飾ったランボルギーニ「ミウラ」は、2年後に4ℓV型12気筒エンジンの最高出力を350psから370psに上げ、エアコンやパワーウインドーを装備することで快適性を高めた「ミウラS」に発展していた。表面的には順当な進化を遂げているように思えた。しかし一方で、高速走行時の事故が多発していたのも事実だった。原因は横置きV12ミッドシップという設計にあるとされた。長大なエンジンをリアタイヤ直前に集中して搭載したために、極端にリア側が重い車体になっていた。その結果、コーナーで唐突に後輪がスライドしやすい性格を持ち合わせていたのだった。

そもそもチーフエンジニアのジャンパオロ・ダラーラは、レーシングカーとしてミウラを設計した。その道のエキスパートが操縦するなら問題ないと考えていたのかもしれない。しかしミウラは市販車として世に出てしまった。おまけにダラーラは、ランボルギーニではレーシングカーの設計ができないと悟り、ミウラSが登場した年、デトマソに移籍してしまった。そこで残ったパオロ・スタンツァーニが中心となって、ミウラに代わる新型車の開発が進められることになる。

スタンツァーニはダラーラとは違い、レーシングカーへの興味は抱いていなかった。そこでV

ミウラの横置きV12エンジン

12ミッドシップという基本は継承しつつ、市販車に見合った操縦性を備えた設計を導入することになった。操縦性を安定させるには、エンジン縦置きが必須だった。しかし一般的な縦置きは、エンジンは後輪より前にあるが、トランスミッションは逆に後方に配置される。トランスミッションの重量はすべてリアに掛かるし、ホイールベースの外側に重量物が存在するので、運動性能の点では不利になる。

難問を解決したのは、まさに逆転の発想だった。エンジンを前後逆に積み、通常なら後方に位置するトランスミッションを前側に出し、2つのシートの間に収めたのだ。出力はそこからシャフトでエンジン後端まで導かれ、後輪を駆動するという構成だった。さらにスタンツァーニは、ホイールベースを縮めるべく、シート位置を前輪に可能な限り近づけた。

ドライバーは両足を前輪の間に伸ばし、左ハンドルの右腕をトランスミッションに乗せるような姿勢となる。これによってホイールベースをミウラより50㎜短い2450㎜としていた。トランスミッションをシート間に置いたことは、シフトレバーをその真上に置き、直接変速することが可能という副産物も生み出した。ミウラではエンジン後方に横置きされたトランスミッションを、複雑なリンクを駆使して操作していたために、作動感が曖昧だったが、新型車の方式なら確実無比だった。

さらにスタンツァーニは車体前部にも注目した。多くのミッドシップカーは、ラジエーター[※8]を前輪の前に設置していた。しかしこの位置もまた、運動性能では不利になる。そこでエンジンの左右に2分割して配することにした。この独特の設計内容を持つメカニズムを覆うボディはモノコック方式で、デザインはベルトーネのマルチェロ・ガンディーニが描いた。この点についてはミウラと同じだった。そして1971年のジュネーブショーに、「カウンタックLP500」として展示された。本国での発音ではクンタッチが近いといわれる名前は、ピエモンテ地方で使われる方言で、驚きの表現を表す感嘆詞である。ランボルギーニが工場を構えるサンタアガタ・ボロネーゼはエミリア・ロマーニャ地方に属しているのに、ピエモンテ地方の方言が起用されたのは、この地方に本拠を置くベルトーネのスタッフが現車を見て発した言葉が、そのまま車名になったためと伝えられている。

たしかにその造形は、驚愕という言葉がふさわしいものだった。全体形はウェッジシェイプ（楔《くさび》型）そのものであり、ドアは前端を支点にしている点は通常の自動車と同じだが、横ではなく上に跳ね上がった。ミウラより220㎜も短い4140㎜の全長に対し、全幅は110㎜も広い1890㎜で、全高は驚異的に低かったミウラをさらに51㎜下回る1029㎜というボディサイズも、既存のスポーツカーとは大きく異なっていた。あまりに低いルーフと、腰下にシャフトを抱え込んで背が高くなったエンジンのために、後方視界はほとんど期待できなかった。そのために通常のルームミラーはなく、ルーフ中央の窪みを利用した潜望鏡型ミラーが備わっていた。名前のLPは縦置きミッドシップの頭文字であり、次の数字が証明するとおり、V12DOHCエンジンはミウラの4ℓから5ℓに拡大されていた。最高出力は440psを発生し、最高速度は300㎞／hを出すと発表された。

米国がSSTから撤退した理由

コンコルドが最高速度のマッハ2を記録したのは1970年11月のことだ。まず1号機がアンドレ・トゥルカの操縦で達成されると、数日後に2号機がブライアン・トラブショーの手で続い

コンコルド試作機のコクピット

た。ただしライバルTu‐144は同年5月にマッハ2を記録しているから、ここでも先を越されていた。

フランスではこの年、シュド・アビアシオンとノール・アビアシオンが合併し、アエロスパシアルが誕生した。イギリスでは同年イギリス総選挙で保守党が政権を奪い返し、エドワード・ヒースが首相に就任した。これによってコンコルドの開発は安定するかに思われたが、翌年ロールス・ロイスが倒産してしまう。新型ジェットエンジンの開発失敗が経営を圧迫したのだ。政府が迅速に国有化の判断を下したことで難を逃れ、2年後には自動車部門をビッカースに売却し、再建に本腰を入れることになった。

しかし同じ年のアメリカでの一件に比べれば、

ロールスの倒産はたいした出来事ではなかった。米国上院がSSTプログラムの中止を可決してしまったのだ。カウンタックの登場と同じ、1971年3月の出来事だった。SSTを推進したケネディとは違い、当時の大統領ニクソンが環境保護に熱心だったことは前述した。事実彼は1970年12月に、産業界からの反対を受けつつ環境保護局を設置している。4年後に自動車の法定最高速度を時速55マイル（88㎞／h）に制限したのもニクソンである。

彼が大統領に就任した直後から、環境保護団体を中心に、SST中止を求める声が強まったのは当然かもしれない。その声はやがて議会も巻き込んでいく。もっとも問題とされたのはソニックブーム（衝撃波）だった。超音速機は、音速を超える際に「音の壁」といわれた衝撃波を発生する。その衝撃波は、地上では約40㎞の幅にわたって伝播する。コンコルドの場合を例にとれば、圧力は1平方フィート当たり約2ポンド（1㎡あたり約400g）といわれた。

ソニックブームはコンコルドが登場する前から問題視されていた。スウェーデン航空研究所のボー・ルンドベルグ教授などが、早くからSSTによる悪影響を唱えていた。それがアメリカに飛び火し、環境保護に熱心な国民だけでなく、ケネディやジョンソンに反感を持っていた不満分子を巻き込んだのだ。さらにはベトナム戦争の長期化、インフレの進行、貿易収支の赤字増大などで、アメリカの財政が逼迫していたことも原因だった。民間飛行機への国費の投入を許さない国民が多かったことも見逃せない要因になった。その結果1970年12月、上院は米国内陸地上空での超音速飛行禁止の法律を可決し、SSTへの開発補助支出を否決してしまった。こうした流れがプログラム中止に発展したのだった。

この時点でボーイング2707は、コンコルドの16社74機に対し、26社122機とはるかに上をいく仮発注を受けていたのだが、10億ドルといわれた政府の資金投入ともども、泡と消えてしまった。

アメリカのSST計画中止は、この時点ではコンコルドには影響を及ぼさなかった。しかし1970年に決定された陸地上空での音速飛行禁止措置は、他の多くの国が同調することになった。その結果コンコルドは、オーストラリアやサウジアラビアなど一部を除き、沿岸から35海里（約65㎞）までは音速以下で飛行することを余儀なくされた。

しかしこの時期のコンコルドに、動じている暇はなかった。試験で義務付けられた飛行時間1000時間をクリアする必要があったのだ。そのためにデモフライトが続いた。フランス側製作の試作1号機は、1971年5月のパリ航空ショーで、ドゴールのあとを受けて2年前に大統領に就任したジョルジュ・ポンピドーを乗せ、航空ショー会場のルブルージェから工場のあるトゥールーズに向かった。離陸直後のビスケー湾上空では超音速を記録した。このときはイギリス製造の試作2号機もトゥールーズに飛来し、アフリカ大陸西岸のダカールまで初の大陸横断を敢行後、航空ショー会場に向かった。

　この航空ショーでは、ツポレフＴｕ‐１４４も姿を見せた。その機体には、量産化を前にした設計変更が認められた。最大の特徴は、操縦席の直後にカナードと呼ばれる引き込み式の小さな翼が増設されていたことだ。さらにエンジン位置は、前輪が巻き上げた小石などを吸い込む危険があることから、コンコルド同様、2基ずつ左右に分割した。しかし、左右のエンジンはコンコルドほど離れていなかったため、脚がエンジンカバーから出るという独自の方式は従来どおりだった。主翼は、翼端がS字カーブを描くコンコルドと同じオージー翼から、翼端途中で角度をつけたダブルデルタ翼に変更され、全幅は25mから27mに拡大された。機体重量は１３０ｔから１９５ｔにまで増加し、全長は65・7mに達した。この時点でＴｕ‐１４４は、旧東欧諸国への試験飛行をたびたび行なっていた。しかし国際線に就航するためには、相手国の型式証明が必要になる。ところがソ連からアメリカやイギリス、フランスなどへ型式証明の申請はなかった。こうした状況も、Ｔｕ‐１４４を謎の存在としていた。

　一方のコンコルドは同年末、ポンピドー大統領が、大西洋上に浮かぶポルトガル領アゾレス諸島でのニクソン大統領との会談に試作1号機を使った。ＳＳＴ開発中止を決定したアメリカ側にとっては、皮肉めいたフライトになった。2号機はフィリップ殿下、マーガレット王女、ヒース首相など要人の試乗の後、1972年6月から1カ月をかけ、イラン、シンガポール、日本、オーストラリアなど12カ国を歴訪している。飛行距離は7万2000km以上に及んだ。東京には6月12日から4日間滞在し、デモフライトを行なっている。

東海道の経験を生かした山陽新幹線

新幹線という言葉が法律で定められたのはいつか。それは1970年5月のことだった。全国新幹線鉄道整備法が議員立法として国会に提出され、可決成立したのだ。その結果、いままで国鉄が在来線の線増という形で建設していた新幹線が、国の施策として進められることになった。ここで初めて、新幹線の法律上の定義が行なわれている。それは「主たる区間を200km/h以上の高速で走行できる幹線鉄道」というものだった。

さらにこの整備法を受けて、翌年1月、東北、上越、成田新幹線の計画が決まり、11月に建設が始まった。成田新幹線という言葉を初めて聞く人もいるだろう。当時は東京と新東京国際空港(現成田国際空港)を結ぶ新幹線が計画されていたのだ。しかし空港同様、新幹線の建設も強固な反対運動に遭い、工事は遅々として進まなかった。空港は1978年5月に開港し、京成電鉄が空港近くまで路線を延伸して輸送を開始したこともあり、5年後に工事は凍結され、1987年の国鉄民営化・JR発足とともに計画が失効したのだった。

ところで全国新幹線鉄道整備法が成立した頃、すでに国鉄の手で建設が進められた新路線がひとつだけあった。それが山陽新幹線である。東海道新幹線新大阪駅から岡山駅を経由し、博多駅に至る山陽新幹線は、東海道新幹線の反省の上に立って作られた路線でもあった。東海道新幹線は、東京オリンピックに間に合わせるという至上命題があったため、工事期間や費用などの面で、やや無理をしていた。その結果、線路の曲線半径は基本2500mと小さく、トンネルや高架橋は少なくなり、盛土や切通しを多用して土の上を走る区間が多くなった。これが後のスピードアップの際にネックになった。

そこで山陽新幹線では、総延長580kmの半分近くになる281kmをトンネル、3割近くにあたる162kmを高架橋にし、曲線半径は4000m以上に緩和した。その結果盛土や切通しの区間は53%から12%へと、4分の1以下に減少していたのだ。山陽新幹線が開業したとき、トンネルばかりで景色が楽しめないという意見が多く出たが、これは高性能化のためだったのである。

レールの重さも、東海道新幹線の53・3kgでは不足で、山陽新幹線では60kgになった。スラブ軌道が初採用されたのもこのときだった。バラスト（砕石）と枕木の組み合わせに代わり、モルタルを緩衝材とするＰＣ（プレストレスト・コンクリート）板を使ったものだ。スラブ軌道は軌道の狂いを抑えるほか、雪害防止にも役立った。東海道新幹線では、関ケ原付近の降雪地帯を通過後、車両に付着した氷塊が軌道に落下してバラストを跳ね飛ばし、窓ガラスを割るなどの被害を出していたからだ。架線は断面積１１０平方㎜、張力１ｔだったものを、１７０平方㎜、１・５ｔの通称ヘビー・コンパウンド架線にしている。この結果、筒型ダンパーは不要となった。

開業は、新大阪〜岡山間が１９７２年３月15日で、コンコルドが日本に初飛来する3カ月前だった。岡山〜博多間は3年後の１９７５年３月10日だった。東京から岡山までは4時間10分、博多までは6時間56分で結んだ。しかし最高時速は２１０㎞／ｈで据え置かれた。沿線の騒音問題が表面化してきたからである。

騒音については、１９７２年12月、「環境保全上緊急を要する新幹線鉄道騒音対策について」という勧告が環境庁（現・環境省）から国鉄に対して出されている。住居地域では基本的に80ホン（デシベル）以下に抑える音源対策を行ない、無理な場合は85ホン以下に抑える障害防止対策を行なうこと、そして学校や病院などがある地域では特段の配慮をすることが決められた。東海道新幹線の走行音は、高架や盛土部分では80〜90、鉄橋では90〜１００ホンに達していた。よって速度を上げることよりも、騒音を抑えることが優先課題とされたのである。この問題はその後の新

新神戸～相生間で高速走行試験を行なう951形

幹線建設時に常について回った。
「ひかり」と「こだま」の料金差がなくなったことも、岡山開業時の特筆すべき変更だった。これまで１パターンだった「ひかり」の停車駅を３パターンにしたことで、新大阪以西は各駅停車の「ひかり」が生まれたための措置だった。この結果「ひかり」の利用客が「こだま」を上回るようになった。
東京～博多間は長時間乗車になることから、開業前年に初の食堂車が用意されたこともニュースだった。しかも幅広い車体を生かし、食堂と通路を分けるという初の試みがなされ、落ち着いて食事ができるようになった。ところがこれがちょっとした問題を引き起こした。富士山が見える山側を通路としたために、食事中に富士山が見えないという不満が寄せられたのである。そこでまもなく通路との隔壁にも窓を追加した。

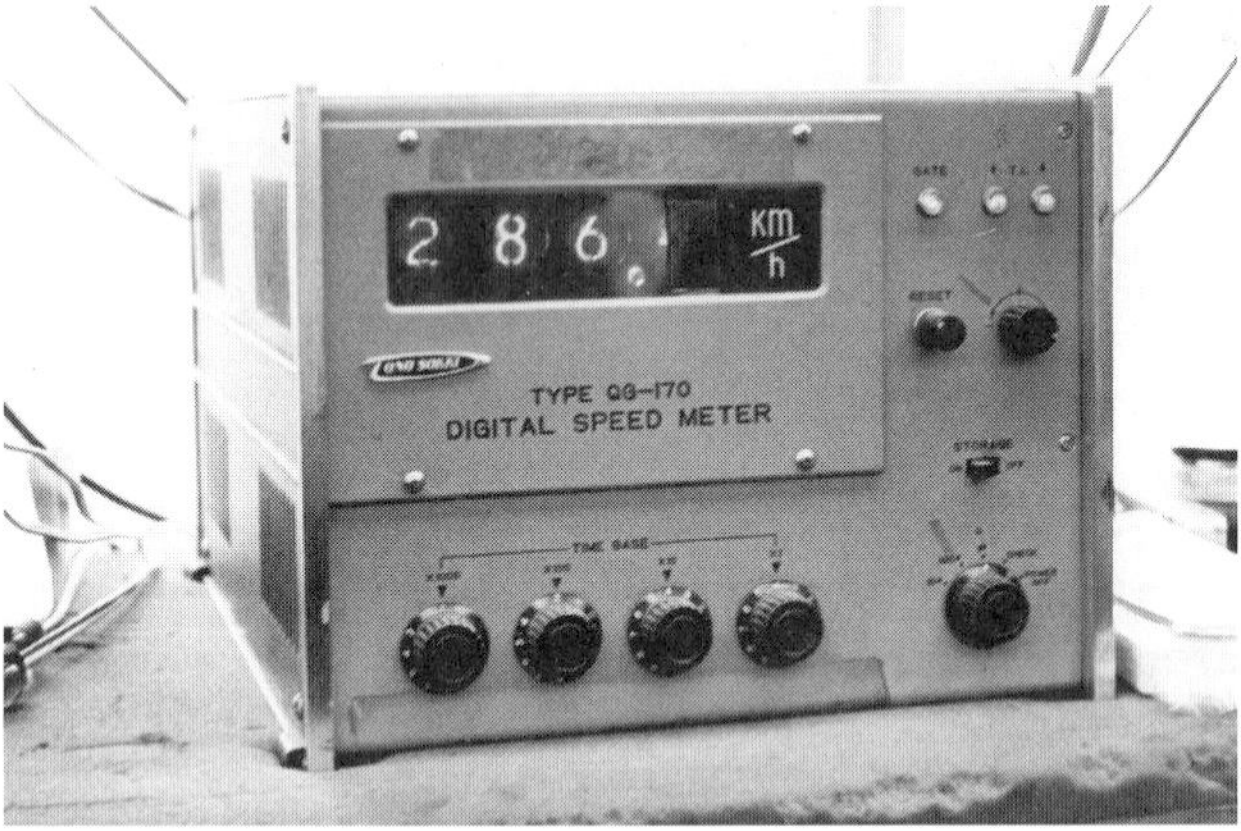

「286」を表示する951形の速度計

車両は、1969年に試作車「951」が作られ、岡山開業直前の1972年2月24日には、新神戸～相生間で286km／hを記録するなど、次期型についての研究は進んでいた。しかし当時の国鉄の財政状況から実現せず、東海道新幹線と同じ0系の増備が続くことになった。ただし、951で試された機構のうち、トンネル突入時の耳ツンを防ぐため、送風機を使って車内の気圧を一定に保つ連続換気装置は、1974年以降製造の0系にも用いられている。なお、1973年には「961」という試作車が作られているが、こちらは東北・上越新幹線を考慮した車両で、50／60Hz両用、勾配対策、寒冷・積雪地対策などが導入された。

王者が送った挑戦者ベルリネッタ・ボクサー

1971年のジュネーブショーで鮮烈なデビューを

飾ったカウンタックであるが、ライバルがいなかったわけではない。

デトマソは前年4月のニューヨーク・モーターショーで、マングスタの後継車「パンテーラ」を発表していた。5・8ℓに拡大することで330psを発生したフォード社製V8OHVを、ジウジアーロに代わってギアのチーフデザイナーになったトム・ジャーダが描いたモノコックボディに積んで、265km/hをマークした。設計したのはランボルギーニを辞めた、あのダラーラだった。

カウンタックの登場と同じ1971年のジュネーブショーには、マセラティ初の市販ミッドシップスポーツカー「ボーラ」も展示されていた。ギアを離れたジウジアーロが興したデザイン会社、イタルデザインが造形を担当したモノコックボディに、ギブリと同じ4・7ℓV8DOHCを310psとして搭載していた。

そして半年後のトリノショーでは、フェラーリが対抗意識を露《あらわ》にしてきた。同社は275GTB/4に続き、1968年に「365GTB/4デイトナ」を発表していた。フロントエンジンながらV12DOHCを4・4ℓに拡大して352psを出し、ミウラに並ぶ280km/hをマークするとしていた。トリノでデビューしたのはこれの後継車で、「365GT/4BB」と名乗っていた。2つのBはベルリネッタ・ボクサー、つまり水平対向エンジン[※9]のクーペであることを示していた。

フェラーリは1970年から、F1世界選手権で、それまでのV12に代わり、水平対向12気筒エンジンを使い始めていた。その技術をいち早く市販車に投入したのだ。ランボルギーニにはできない戦略である。しかもBBはミッドシップだった。少し前にフィアットと業務提携を結んでいたフェラーリは、同社が設計しフィアットが生産するV型6気筒エンジンを積む「ディーノGT」を送り出した。BBはこれに続く市販ミッドシップスポーツになったのだ。

ディーノで築かれた両社の関係は親密化し、1969年、フェラーリはフィアット傘下に入る。レースの指揮を執り続けることに固執したエンツォ・フェラーリの意志を尊重して、市販車部門だけをフィアットが管理するという経営形態に変わった。BBは新体制下における最初の市販車でもあった。ただしBBはディーノとは異なり、エンジンを縦置きしていた。12気筒縦置きミッドシップは全長やホイールベースが長くなるのが欠点で、カウンタックではエンジンとトランスミッションを前後逆転することで問題を解消していた。BBでは薄い水平対向エンジンを生かし、その下にトランスミッションを潜り込ませた。ホイールベースはカウンタックより50㎜長い2500㎜だった。そのためピニンファリーナがデザインしたボディは、カウンタックほどシートを前輪に接近させていなかった。フロントノーズとキャビンが明確に分かれた造形は、むしろミウラに近かった。ミウラの成功に刺激されたフェラーリが、ミッドシップ方式やデザインで影響を受けつつ、Ｆ１で使い始めた水平対向エンジンを採用することで、レース技術とのつながりを強調した。ＢＢはそんな経緯で生まれたと想像できる。

しかし、ランボルギーニへの対抗心がもっとも露骨に現れていたのはメーカー発表の最高速度だった。３０２㎞／ｈと、カウンタックをわずか２㎞／ｈだけ上回っていたのだから。

ＢＢの車体は、フェラーリ伝統の鋼管溶接によるフレームに、アルミとＦＲＰ（繊維強化プラスチック）を混成したボディパネルを架装したという構造を持つ。スティールパネルを用いたモノコック構造より軽く仕立てることができる。さらにデザインにはフェラーリでは初めて、ピニンファリーナの風洞実験が使われた。車名でわかるとおり、ＢＢの排気量はデイトナと共通の４・４ℓで、３８０㎰を発生するにすぎない。パワーのハンデを空力と軽量で挽回できるというのがフェラーリの主張だったのかもしれない。それにこの時期、すでにメーカー発表の最高速度は５㎞／ｈ刻みで表記されるのが常識だった。ＢＢが３０２㎞／ｈという中途半端な数字を豪語したのは、ランボルギーニの上に立ちたいというフェラーリの気持ちの表れといえた。ランボルギーニの存在は、そこまで大きくなっていたのだった。

ただし、フェラーリをそこまで勢いづかせたカウンタックＬＰ５００は、この時点ではプロト

ランボルギーニ・ミウラSV（写真提供：アウトモビリ ランボルギーニ）

タイプにすぎなかった。ランボルギーニ自身、これをそのまま市販するつもりはなかった。その証拠に、同じショーの会場には、ミウラのマイナーチェンジ版「ミウラSV」も置かれていた。リアサスペンションの構造を見直すとともに、後輪の幅を広げることで、操縦性を安定方向に仕立てたミウラSVは、エンジンにも手が入り、パワーは385psに上がっていた。これによりトップスピードは290km／hにアップした。

このままカウンタックが市販に移されれば、スムーズな王位継承ができる。当時のフェルッチオはそう考えていたかもしれない。しかし残念ながら、事はうまく運ばなかった。

コンコルドスキーの悲劇とコンコルドの悲願

山陽新幹線が岡山まで開業した頃、ヨーロッパではコンコルドの量産先行型２機が作られた。こちらは１号機がイギリス、２号機がフランスという分担で、１９７２年12月に１号機が初飛行を行なった。２号機はアラスカのアンカレッジで耐寒試験に供されたあと、アメリカやメキシコを訪れている。ＳＳＴ計画を中止したばかりのアメリカだったが、サンフランシスコでは市長やロサンゼルス空港当局長から賛辞を受けた。

ところが１９７３年、パリ航空ショーでＳＳＴにまつわる大惨事が起きた。ツポレフＴｕ‐１４４がデモフライト中に急降下、空中分解による墜落事故を起こし、乗員６名と10名近い地上の住民が死亡したのである。しかも当時はまだ東西冷戦下である。事故後の原因究明はフランスの思いどおりには進まなかった。フランス側の見解は、アフターバーナーを点火して急上昇した瞬間に燃料の供給が追いつかなくなり失速し、しかも副操縦士がテレビカメラで撮影していたため機体の立て直しに対応できなかったというものだった。しかしソ連側は、ショーの主催者が飛行時間を直前に短縮してきたことや、同時に飛行していたフランス空軍のダッソー「ミラージュ３」戦闘機が飛行経路の目前を横切ったことなどを非難してきた。原因究明のために仏ソ合同チームが編成されたが、ソ連側は機体の残骸を回収すると、被害額のごく一部を負担しただけで、以降は交渉に一切応じなくなってしまった。

ただコンコルドにとってはこの事故よりも、同年10月に勃発したオイルショックのほうが打撃

コンコルドの量産機（写真提供：エールフランス航空）

だった。コンコルドは翌１９７４年、ようやく量産1、2号機が登場している。共同開発調印から12年も経過した理由のひとつは、エアラインからの要求で設計変更を行なったためだった。具体的には座席数を１１８から１２８へ増やした。その結果、全長は56・２ｍから62・１ｍへ、離陸重量は１４８ｔから１８１ｔへと、それぞれ拡大・増加した。

パンナムとライバルのＴＷＡ（トランス・ワールド航空）が、コンコルドの仮発注を取り消したのは、完成直前の同年1月だった。自国機の開発中止でＳＳＴに対する疑念が高まっていたところに、オイルショックが追い討ちをかけた格好だったが、計算されたタイミングにも見受けられた。強大な影響力を持つアメリカ大手2社がコンコルドをキャンセルしたことで、日本航空など他のエアラインもこれに倣う結果となった。正式発注は、この年BOACと英国欧州航空（BEA）の合併によって生まれたブリティッシュ・エアウェイズ（BA）の5機と、エールフランスの4機だけになった。

同年7月、この年フランス大統領に就任したばかりのヴァレリー・ジスカールデスタンは、ウィルソン首相とともに、コンコルドの最初の製作を16機とすることで合意した。以前の予測では、コンコルドはアメリカ製SSTが登場する1978年までに、240機の受注があるといわれていた。現に1970年の時点では74機の仮発注を受けていた。しかしパンナムとTWAのキャンセルが引き金となり、多くのエアラインが仮発注を取り消していった。それでも、アメリカ製SSTのように、計画が中止されることはなかった。その後も残された不具合を丹念に改良しつつ、試験飛行を続けていったコンコルドは、1975年10月にフランス、2カ月後にイギリスで、営業運航のための型式証明を受けることができた。

悲願の営業運航は1976年1月21日、BAのロンドン～バーレーン間、エールフランスのパリ～リオデジャネイロ間で始まった。共同開発を始めてから、実に14年目の結実だった。1番機はほぼ同時刻に飛び立った。どちらも満席で、担当大臣や機体製造会社の重役なども乗っていた。1番飛行後、エリザベス女王とジスカールデスタン大統領の間で祝辞が交わされた。座席は「スーパーソニッククラス」1種類のみで、料金はファーストクラスよりさらに高価だった。

しかしこれが、史上初のSST商業運航ではなかった。栄冠の座を射止めたのは、またもツポレフTu-144だった。パリ航空ショーでの惨劇後、6カ月間の飛行停止を余儀なくされたTu-144だったが、1975年のパリ航空ショーにふたたび姿を見せたあと、同年12月から、アエロフロート航空がモスクワ~アルマアタ（現カザフスタンのアルマトイ）間を飛び始めていたのだ。貨物便ではあるが、商業運航であることは間違いない。ソ連のプライドを賭けたツポレフは、ここでもコンコルドの一歩先を行くことにこだわったのである。

TGV第1号はガスタービン車だった

苦難の末にコンコルドの運航を結実させたフランスは、鉄道でも超高速移動の実現へ向け研究を進めていた。1972年12月には、試験車両が318km/hという記録をマークしている。このときの車両形式は「TGV-001」。後に新幹線のライバルとして君臨することになるTGVの第1号車だった。ただしこれは電車ではなく、ガスタービンエンジンでモーターを回すメカニズムを持っていた。前述の数字は非電化鉄道車両による世界記録でもあった。

ガスタービンでは1960年代に開発された「TGS」が、前年10月に252km/hを出していた。この経験を元にして「ETG」と「RTG」という営業用車両が作られ、1971年と翌年に営業運転を開始している。ただし2台は液体式変速機を介してガスタービン動力を車輪に伝えており、最高速度は電気機関車牽引列車の「ミストラル」と同じ１６０㎞／ｈにすぎなかった。ＴＧＶ－００１はガスタービンを発電用に専念させたことが大きく違った。第２次世界大戦前から存在した電気式ディーゼルカーのエンジンをガスタービンに置き換えたものといえた。そのガスタービンは、コンコルドの開発に関わったアエロスパシアルがヘリコプター用に製作したものだった。

新幹線も負けてはおらず、１９７９年12月には、９６１が３１９㎞／ｈと、わずか１㎞／ｈであるがＴＧＶの記録を上回った。ところがその頃ＴＧＶは、計画の大幅見直しを余儀なくされていた。オイルショックの襲来で、ガスタービンエンジンの燃料消費量の大きさが欠点になったのだ。しかたなく彼らは、新幹線と同じ電気方式への転換を図ることにした。デビュー前にオイルショックの影響を蒙ったという点では、コンコルドと共通していた。

その間隙を縫って、欧州における高速鉄道をいち早く実現しようとしていた国がある。もうひとつの超高速移動体カウンタックを生んだイタリアだ。第２次世界大戦前からＥＴＲ２００などの高速列車を実用化していたイタリアは、日本と同じ山岳国であり、既存の線路でのスピードアップは難しい。そこで「ディレティッシマ（直通）」という高速専用新線の建設を企てた。

優美なスタイルで人気を博したセッテベロ

ディレティッシマは１９７０年にまずローマ～フィレンツェ間が着工し、７年後の２月、ローマ～チッタ・ベッラ・ピエーベ間１２２㎞が最初に開業した。しかしその後は住民の反対運動や財源不足、劣悪な地質に悩まされ、フィレンツェまで全通したのは１９９２年までずれ込んだ。しかも車両は１９５３年登場と、新幹線より10年以上前に生まれた「ＥＴＲ３００」、通称「セッテベロ」だった。イタリア語で「７つの美」を示すネーミングをいただいたＥＴＲ３００だけあって、曲面を多用した流線型は優雅であり、先頭部を展望室としたデザインともども、日本の私鉄特急に影響を与えた。性能的にも一級品で、設計上の最高速度は２００㎞／ｈといわれた。しかし実際は、カーブの多い在来線では１１０㎞／ｈが限界で、ディレティッシマでも１６１㎞／ｈにとどまり、新幹線と同じ営業運転210km／の記録には届かなかった。

この時期イタリアでは、画期的技術を用いた新型車を開発していた。1969年に「YO160」と名づけられた試験車を製作し、1976年にはやはり試作の「ETR401」を使って研究が進められたこの新型には、「ペンドリーノ（振り子）」という愛称が与えられた。つまり振り子電車である。開発を担当したのは、なんとフェラーリを傘下に収めたフィアットの鉄道部門だった。ただし、日本が1973年に国鉄「381系」電車で実用化した、コロを用いた自然振り子式ではなく、油圧シリンダーを活用した強制振り子式を採用していた。しかし熟成に手間取り、70年代中の実用化は叶わなかった。

一方日本では、まったく新しいシステムの研究も進めていた。磁気浮上式リニアモーターカーである。日本ではリニアモーターカーと磁気浮上式鉄道を同じ意味と捉えている人がいるが、それは正しくない。ＪＲなどでは磁気浮上を示す英語のマグレブ（マグネティック・レビテーションの略）という言葉を用いているほどだ。リニアモーターとは、通常は円筒型のモーターを直線状に展開したもので、これを用いた車両は一般的な鉄輪式もあり、日本では都営地下鉄大江戸線や大阪市営地下鉄長堀鶴見緑地線などで実用例がある。磁気浮上式は電磁石を使って車体を浮上させ、リニアモーターの力で前進する構造となる。

その歴史は古く、１９３４年にドイツ人ヘルマン・ケンペルが特許を取得しており、戦後はかつて戦闘機で名を成したメッサーシュミットなどが政府の援助を受けて開発を進めていた。日本では東海道新幹線開業の2年前に研究が始まり、１９７2年の鉄道１００周年記念行事として試作車「ＭＬ１００」が60km／hで走行に成功した。宮崎県に最初の実験線が完成したのは5年後。そこで2年後に「ＭＬ５００」が、５１７km／hをマークしたのだった。いずれも無人車両だが、磁気浮上式を鉄道に含めるならば、それまでの３３１km／hを大きく超える大記録だった。

カウンタックはなぜ市販まで3年かかったのか

ペンドリーノの実現に時間を要したイタリアは、カウンタックの発売にも手間取った。市販型が登場したのは、ジュネーブショーの発表から3年後のことだった。「カウンタックLP４００」と名前を変えたそれは、外観ではエンジンルーム周辺に空気の取入れや排出を行なうダクトが一気に増えていた。プロトタイプがオーバーヒートに悩まされていたことは容易に想像できた。モノコックボディの剛性や重量にも問題があり、鋼管溶接によるフレームとアルミパネルの組み合わせに一新された。その結果、重量は１１３０kgから１０６５kgへ減り、全高はミウラに近い１０７０mmに高められていた。前衛的な造形が与えられていた室内も常識的なデザインになり、後方

ランボルギーニ・カウンタックLP400
（写真提供：アウトモビリ ランボルギーニ）

視界の確認は通常のルームミラーに変わっていた。LP400という名前のとおり、V12エンジンの排気量が4ℓに縮小されていたことも特徴だった。最高出力は375psと、ミウラSVよりも低かったが、最高速度は300km／hで据え置かれた。

この間オイルショックが起こったことも事実である。しかし遅れの主な原因は別のところにあった。当時のランボルギーニはそれ以前から、危機的状況に追い込まれていたのだった。LP500が発表された1971年の8月、ランボルギーニ・トラットリーチは、南米ボリビア政府から発注を受けた5000台のトラクターを船積みしようとしていた。ところが現地で軍事クーデターが発生し、新政権が契約を一方的に破棄してきたのだった。当時ランボルギーニはミウラのほか、大型4人乗りクーペの「エスパーダ」、フロントエンジンの「ハラマ」とミッドシップの「ウラッコ」という2台の2+2[※10]を送り出しており、4車種を擁していた。それだけに打撃は大きかった。

フェルッチオはランボルギーニ・トラットリーチを売却すると、自動車部門の株式の51%をスイスの実業家ジョルジュ・アンリ・ロセッティに譲渡した。そこにオイルショックが追い討ちをかける。彼は残りの49%の株式も売り渡し、自動車会社の経営から退いてしまった。時を同じくして、カウンタックを設計したパオロ・スタンツァーニも会社を離れた。社長の座に就いたロセッティは技術コンサルタントとして、ランボルギーニに精通した人間を呼び寄せることにする。デトマソを辞めたばかりのダラーラだ。

苦境に陥っていたのはランボルギーニだけではない。フィアット・グループ入りしていたフェラーリは難を逃れたものの、１９６８年にフランスのシトロエン傘下に入っていたマセラティは、そのシトロエンが１９７４年に経営危機からプジョーと合併した煽《あお》りを受け、放出されてしまう。救いの手を差し伸べたのは、イノチェンティや2輪のベネリ、モトグッツィの買収で拡大路線に転じていたデトマソだった。そのデトマソとて、安泰とはいえない状況だった。一方で１９７５年には、西ドイツから新たなライバルが登場した。ポルシェ「９１１ターボ」である。リアに積まれる空冷水平対向6気筒ＳＯＨＣエンジンを３ℓに拡大するとともにターボ[※11]チャージャーを装着して２６０psを発生し、２５０km／hをマークするとされた。

日本におけるスーパーカーブームの火付け役になった漫画「サーキットの狼」が始まったのもこの年だった。少年たちが羨望の視線を浴びせていたスーパーカーたちの多くは、実際には青息吐息の状況だったのだが。しかしコンコルドが苦難に遭遇しつつも運航を続けたように、カウンタックもまた生産を続行した。エスパーダとハラマが生産中止になった1978年、「ＬＰ４００Ｓ」に進化したのである。ボディは前後のフェンダーが張り出し、レーシングカーを思わせる太いタイヤを納めていた。この改造にはサンプルがあった。石油で巨万の富を築き、当時はＦ１チームも持っていたカナダ人ウォルター・ウルフが、自身のカウンタックに同様の改造を施していたのだった。ウルフのカウンタックは「ＬＰ５００Ｓ」と呼ばれ、スーパーカーブームで特別扱いされていたことを記憶している人もいるだろう。ただし見かけとは裏腹に、ＬＰ４００Ｓのパワーは３５３psにダウンし、重量は１３５１kgに増加していた。それでも最高速度は３００km／hのままだった。

ライバルのフェラーリも2年前、ベルリネッタ・ボクサーの進化形である「５１２ＢＢ」を発表していた。排気量を５ℓに拡大したものの、パワーは３６０psに低下しており、重量は１１６０kgから一気に１５８０kgまで増加していた。それでも３０２km／hという数字が維持されたのは、王者の意地だったのかもしれない。

実はこの時期、ランボルギーニからもう1台のスーパーカーが生まれるはずだった。西ドイツのＢＭＷがポルシェ９１１ターボに対抗するミッドシップスポーツを作ることになり、開発と生産をサンタアガタに依頼してきたのだ。ダラーラが設計した鋼管溶接フレームに、イタルデザイン製ＦＲＰボディを組み合わせ、ＢＭＷのモータースポーツ部門が製作した３・５ℓ直列６気筒ＤＯＨＣエンジンを搭載したこのスポーツカーは、１９７７年には試作車が走り始め、「ランボルギーニＢＭＷ」と呼ばれるようになっていた。ところが、その後の作業は資金不足で遅々として進まなかった。業を煮やしたＢＭＷはランボルギーニの買収を企てるものの、下請け業者の猛反対に遭う。翌年４月にＢＭＷが選んだ手段は、ランボルギーニとの契約を撤回するというものだった。半年後、このスポーツカーは「Ｍ１」として発表された。

当時のランボルギーニはほかに、アメリカの軍用車両製作会社からオフロード４ＷＤの開発と製造も請け負っていたが、制式採用はならず、市販化もされなかった。２つの大型プロジェクトが相次いで中止されたランボルギーニは間もなく破産し、政府の管理下に置かれることになってしまった。

裁判になったニューヨーク就航

コンコルドが念願の営業運航を開始した1カ月後、アメリカのウィリアム・タデュース・コールマン・ジュニア運輸長官が、16カ月間の試験的導入を条件に、ワシントンとニューヨークへの運航を許可した。前年、アメリカはウォーターゲート事件の責任をとって辞任したニクソンに代わり、同じ共和党のジェラルド・ルドルフ・フォード・ジュニアが大統領に就任していた。ボーイングのSST2702を中止に追い込んだ政党出身の大統領だが、外国製SSTの飛来に対しては寛容な態度を取った。

デハビランド・コメットの失敗以来、航空産業の覇権を米国に握られ続けてきた欧州にとっては、挽回の好機と映ったかもしれない。ところが、1976年5月24日から運航を開始したのはワシントン便だけだった。ニューヨークでは前代未聞の問題が勃発していた。ジョン・F・ケネディ空港の管理を司るニューヨーク・ニュージャージー港湾公社が、環境問題に熱心な地元住民の後押しもあり、コンコルド乗り入れを禁止してきたのだ。

BA、エールフランスの両エアラインは訴訟を起こし、全面的に対決する姿勢を示した。裁判は翌年5月に始まった。コンコルドはケネディ空港への離着陸に際し、騒音を抑えるための飛行経路や高度を研究したほか、モロッコのカサブランカをニューヨークに見立てた騒音実験も行ない、認可が下りていた。結果は港湾公社側にも通知されていた。つまり、港湾公社側の訴えは、感情論にすぎなかったと断言できる。その理由は表面的には環境破壊だったが、アメリカが開発を中止したSSTをヨーロッパが飛行させることへの嫌悪感があったことを抜きには語れないだろう。

コンコルドの客室

ニューヨーク連邦地方裁判所は真実を理解しており、4カ月後に港湾公社側の態度を「根拠のない差別的措置」として撤回した。港湾公社はすぐに最高裁判所に上告したが、最高裁は上告を退けた。その結果、ワシントン乗り入れから1年半が経過した1977年11月、BAとエールフランスがコンコルドのニューヨーク就航を実現させた。ロンドン～ニューヨーク間はボーイング747で行きが7

時間40分、帰りが6時間40分なのに対しそれぞれ3時間50分、3時間40分とほぼ半分だった。これは東京〜大阪間の新幹線「ひかり」と特急「つばめ」の差に相当する。最低でも1泊を要していた往復を日帰りで可能としたわけで、所要時間を含め、東海道新幹線登場時に近い効果をもたらした。しかし、ニューヨーク就航が1年以上延期されたことは、オイルショックに続いて、コンコルドの評価を落とすことになった。

似たような事例は、近年も発生している。2009年から翌年にかけて起きた、トヨタの大規模リコールだ。この件は米議会の公聴会に豊田章男社長が呼ばれるほどの騒ぎに発展したが、2011年2月に米運輸省は、電子制御システムに欠陥はないと結論づけた。これより前の2009年には、アメリカの自動車会社ゼネラルモーターズ（GM）とクライスラーが相次いで破綻した。世界一の座にあった米国車が転落した原因は日本車の台頭にあると考える声が、騒動を誘発したとの報道もある。トヨタをコンコルドに置き換えれば、2つのストーリーが似ていることに気づく。

しかし英仏両国は逆風にめげず、残った7機の売り込み先を探し続けた。とくにイギリスは積極的で、シンガポール航空との間でリース契約を結ぼうとしていた。ところが先方が交換条件として経営支援を要請してきたため、実現しなかった。結局1977年12月、バーレーン便をシンガポールまで延長した共同運航便に落ち着いた。このときの機体は、左側のみシンガポール航空の塗装に塗り替えられていた。ところが隣国マレーシアから騒音問題で文句をつけられ、わずか3日で運航停止になってしまう。2年後の1月に再開されたが、搭乗率の低迷を理由にまもなく路線廃止という結果に終わった。

そんななか、あれほど反対していたアメリカのエアラインが、コンコルドを飛ばし始めた。ブラニフ航空が、ワシントンに到着した英国航空とエールフランスの機体を使い、1979年からダラスまでの共同運航を開始したのだ。もちろん陸地上空なので超音速は出さなかった。それでもFAA（連邦航空局）は操縦席の窓に装備されているワイパーの変更などを求めている。コンコルドを快く思わないアメリカの姿勢が、ここでも露になった。ブラニフ航空は昔から目立ちたがり屋の会社で、1960年代からエミリオ・プッチ、アレクサンダー・ガルダーなどの有名デザイナーを招いて機体や客室乗務員制服をカラフルな色彩で彩った。しかしコンコルドには乗客が集まらず、翌年運航休止に追い込まれ、1982年に会社自体が倒産してしまった。

結局、残った7機のコンコルドもBAとエールフランスが引き取ることになり、各社8機ずつを飛ばすことになった。予定では17機目以降の生産も考慮されていた。B型と呼ばれていたそれは、エンジンや空力特性の改良により、航続距離が延びるだけでなく、騒音低減も実現しようとしていた。しかしその努力も水の泡と消えた。

ツポレフＴｕ‐１４４にはさらに悲惨な運命が待っていた。旅客輸送はコンコルドに少し遅れた１９７７年11月から、貨物便と同じモスクワ～アルマアタ間で開始されたが、初便からトラブル続きで、以降も欠航が相次いだ。信頼性が決定的に不足していたことに加え、燃費と騒音も課題に挙げられていた。１９７８年には墜落事故を起こしたという情報もある。結局、わずか１０２便を飛ばしただけで運航中止に追い込まれると、その後も復活することなく、１９８０年代前半に早すぎる引退を迎えてしまったのである。


この時代、超高速を目指した乗り物たちは、初めて大きな壁に突き当たった。大気汚染や騒音問題、オイルショックと、難題が次々に襲いかかったからだ。

コンコルドはその最中に営業運航を始めたが、最大のライバルとなるはずだったアメリカ製ＳＳＴの計画が中止され、そのアメリカが踵を返すように反感の目を向けてきたことも影響して、わずか16機で生産を終えた。少し前に発売されたカウンタックは、作り手のランボルギーニが予期せぬ不運から経営危機に陥り、会社の破綻にまで発展してしまった。新幹線は、コンコルドやカウンタックに比べれば影響は軽微だったとはいえ、騒音問題の表面化により最高速度は据え置かれ、新路線建設では反対運動に直面することになった。

そんななかでコンコルドが飛び続け、カウンタックが作り続けられ、新幹線が走り続けたのは、時代の先駆者としての意地だったのかもしれない。それにしても、会社が破綻したにもかかわらず生産を続行したカウンタックの生命力には驚かされる。志半ばにして会社を去った創業者フェルッチオ・ランボルギーニの怨念が乗り移ったと考えるのは大げさだろうか。

※8ラジエーター　水冷エンジンにおいて冷却水を走行風などにより冷やすための装置。自動車だけでなく鉄道の気動車、レシプロエンジンを用いた飛行機の一部にも搭載されている。

※9水平対向　エンジン中央からシリンダーが左右に水平に突き出すように並んだ形式。向かい合うピストンの動きがボクシングの打ち合いを思わせることからボクサーエンジンとも呼ばれる。上下方向に薄いので、気動車にも採用されている。

※10 2＋2　子ども用や荷物置き場に適した小さな後席を備えた4人乗りのこと。スポーツカーやグランドツーリングカーに見られる。

※11ターボチャージャー　排気ガスの圧力で羽根車を回し、そのエネルギーで駆動するもうひとつの羽根車でシリンダー内に取り入れる空気を強制的に圧縮することで、燃焼時のエネルギーを増大させるメカニズム。ターボと呼ばれることが多い。

第5章

現実になった300km／h走行

1980年代

またも消滅の危機に直面したコンコルド

１９８０年代に入ると、コンコルドの将来にまたも暗雲が立ち込めた。60年代のそれと同様、イギリスの政権交代が発端だった。１９７９年に首相の座に就いたマーガレット・サッチャー率いる保守党政権がコンコルドへの資金提供を調べたところ、年間３０００万ポンドという巨額の支出がなされていることが判明し、中止を示唆したのだ。対するフランスでは2年後、社会党のフランソワ・ミッテランが大統領の座に就いた。ミッテランもまたコンコルドへの支出を問題にし始めていたが、事態はイギリスほどには深刻ではなかった。

一方、イギリス側のブリティッシュ・エアウェイズ（ＢＡ）では１９８０年代に入った頃から、運賃の引き上げ、乗員削減、チャーター便の運航などにより、コンコルドの収支黒字化への挑戦を始めていた。機体を生産したＢＡＣは１９７７年、ライバルのホーカー・シドレー・グループなどと合併し、国営企業ブリティッシュ・エアロスペース（ＢＡｅ）となっていた。ＢＡは同社及び、エンジン製造を担当したロールス・ロイスにも維持費の削減を求めた。ＢＡは１９８２年、その名もコンコルド部門を設立するほどの力の入れようだった。一連の対策が功を奏したのか、同年から利益を出すようになった。

エールフランスのカラカス便コンコルド（写真提供：エールフランス航空）

エールフランスのコンコルド路線も、翌１９８３年から黒字に転じた。しかしその陰で、多くの路線が廃止されていたのも事実だった。同社は処女便となったリオデジャネイロに続き、１９７６年には同じ南米にあるベネズエラの首都カラカスにもコンコルドを就航させていた。両ルートとも西アフリカにあるセネガルの首都ダカールが経由地に選ばれていた。また１９７８年からは、ワシントン便をメキシコシティに延長していた。ところが１９８２年、エールフランスはまずリオとカラカスへのフライトを廃止すると、続いてワシントン経由でメキシコへ向かう便も取り止めた。つまりニューヨーク便一本に絞ったのである。ＢＡはそこまで徹底した対策は取らなかったものの、バーレーン便のほか、物議を醸したシンガポール便を１９８０年に休止していた。

コンコルドを貨物機に転用するプランも持ち上がって

いた。アメリカのフェデックス（フェデラルエクスプレス）が興味を示したもので、１９８１年から翌年にかけて、機体の改造を含めさまざまな研究が行なわれた。ただし、フェデックスは英仏両政府からの支援を目当てにしていたようで、契約年数で話がまとまらなかった。よって１９８３年から予定されていたコンコルド初の貨物運航は白紙に戻ってしまった。

コンコルドをこのまま飛ばし続けるべきか。さまざまな角度からこの飛行機の将来を検討したＢＡが１９８４年4月に下したのは、続行という選択だった。コンコルドに関する資産のすべてを政府から譲り受け、ＢＡｅやロールス・ロイスへの費用を負担することになったのである。フランス政府とエールフランスとの間でも、前後して同様の契約が結ばれた。

存続の決め手になったのは、１９８０年代初めに登場したチャーター便だった。目的地までの所要時間よりも、超音速の空の旅そのものを、顧客にアピールしはじめたのである。ＳＳＴの特性を生かした一連の「企画商品」が、コンコルドを生き長らえさせることに成功した。旅の内容はもちろん、コンコルドの超音速をアピールしたものが多かった。その過程で、１９８５年にはロンドン～シドニー間を17時間3分、ロンドンと南アフリカのケープタウン間を8時間8分で飛ぶという記録を樹立した。ＢＡによれば、コンコルドによるチャーター便は、後に全運航の10％を占めるまでに成長した。

定期便ではニューヨーク一本に絞ったエールフランスとは対照的に、ＢＡは１９８４年からワシントン経由のマイアミ行きを新たに開設している。また１９８８年にスタートしたカリブ海の島国バルバドスの首都ブリッジダウンへのチャーター便は、その後冬季のみではあるが定期便に昇格した。こちらでも速度記録が話題になっており、ロンドン～ニューヨーク便では、１９８３年に2時間56分と3時間を切る記録を出すと、５年後にはその数字を1分だけ短縮した。当時の東海道新幹線東京～新大阪間の所要時間とほぼ同じだ。コンコルドの超高性能ぶりをあらためて思い知らされる。さらに１９８７年には就航10周年を迎えたロンドン～ニューヨーク便で、４年前に速度記録専用自動車で世界最高記録１０４７・49km／ｈを樹立したイギリス人リチャード・ノーブルが、１日に3度も大西洋を横断している。片道で約7時間を要する他の旅客機では、おそらく不可能な偉業だった。

ツポレフＴｕ‐１４４の運航が中止されたことで、世界で唯一の超音速旅客機になったコンコルドは、持って生まれた高性能ではなく、孤高の存在感を武器にして、活路を見出そうとしていた。

コンコルドの国が生んだ高速鉄道ＴＧＶ

そのコンコルドをイギリスとともに生み出したフランスが、新幹線が確立した営業運転２１０

㎞／hという記録を破ったのは、1981年9月27日のことだった。まずパリ〜リヨン間で営業運転を開始した「TGV」である。最高速度は260㎞／hと、新幹線を50㎞／hも上回った。しかも、開業に先がけた2月には、試験走行で380㎞／hを記録している。2年前に961が出した319㎞／hを圧倒するデータだった。

ただし、TGVは新幹線の物真似ではなかった。合理性や独創性を重んじるフランスらしさが随所にあふれた、新幹線とは別種の高速鉄道だった。フランスは日本とは違い、在来線も標準軌を使っている。そのため新幹線のように、全線を別線とはしなかった。パリ〜リヨン間にLGVと呼ばれる高速新線を建設したものの、元来速度が出せない両端のターミナル周辺は既存の施設を流用し、在来線を使うことでリヨン以遠にも直通運転した。新線はパリ南東線と呼ばれており、フランス語ではLGV・PSE（パリ・シュド・エスト）となる。フランス初のジェット旅客機、カラベルの開発を担当したシュドエスト・アビアシオンを思わせる名称だった。

線路の敷き方も新幹線とは違っていた。パリ〜リヨン間には高い山がないこともあり、トンネルを避け、カーブも最小曲線半径8000mと大きく取っていたのである。その代わり最大勾配は35‰もあるが、35‰区間の長さは6000m以下に留めている。空気抵抗で不利なトンネルを避け、カーブを少なくすることで高速を保ち、ジェットコースターのようにアップダウンを繰り返すこ

リヨン以遠の在来線を走行するフランス国鉄のTGV（撮影：結解　学）

とで、上り坂での速度低下を下り坂で回復するという設計が導入されていたのだった。

すでにスラブ軌道を実用化していた新幹線に対し、LGVは乗り心地や騒音面からバラスト軌道にこだわっていた。バラスト軌道は超高速では列車通過時に巻き上げの恐れがあるが、床下の機器配列やカバー形状を工夫して空気の乱れを抑え、巻き上げを防止していた。さらにその車体は、在来線の車両より大型の新幹線0系とは対照的に、小さかった。全幅は新幹線の3380㎜に対して2814㎜と、日本の在来線車両並みである。そのため座席は新幹線のグリーン車に相当する1等が1列3人掛け、普通車に相当する2等は4人掛けになっていた。また全高は4000㎜の新幹線に対して3420㎜、床高さは1300㎜に対して1000㎜と低かった。車高が低いのは、ホームの高さが新幹線の1250㎜に対して550㎜と低いことも影響しているが、重心を下げ、安定性を獲得するという目的も大きかった。幅が狭いのは空気抵抗を少なくするためだった。

輸送力増強という目的で建設された新幹線に対し、TGVは純粋に高速鉄道として生まれたという違いが、車体の差に現れているといえる。ボーイング747に近い新幹線0系、コンコルドに近いTGVといえるかもしれない。

新幹線0系の先頭部が丸いのに対し、TGVの先頭部が楔形をしているのは、トンネルがないためだった。トンネルが多い新幹線の場合は、空気を上下左右に押しのけないと、超音速機と同じような圧力波が発生するためである。ドアが外吊りで、閉じたときに車体と同一面に固定されるプラグドアとしたのも、トンネルがないことが理由だった。扉が吸い出されて車内の気密性が損なわれる心配がないため、空気抵抗の少ないプラグドアを採用したのだ。

最大の違いは、新幹線0系が全電動車の電車方式だったのに対し、TGVは両端の車両だけに動力を搭載せたことだ。しかし固定編成であることは共通なので、機関車ではなく、動力車と呼んだほうがふさわしいのではないかと思う。モーターは台車枠ではなく、床下に固定しており、歯車と自在継ぎ手を組み合わせて車輪に伝えていた。動力車の2つの台車だけでなく、隣り合う客車の1台車にも動力を伝えることで、性能を確保していた。客車間の台車には小田急SE車同様、乗り心地に優れるといわれる連接方式を採用した。

ＬＧＶは交流２万５０００Ｖで電化されたが、在来線は直流１５００Ｖなので、車両は両方に対応している。日本の交直両用機関車と異なるのは、直流と交流で別々のパンタグラフを持つことだ。しかも交流では片方の動力車のパンタグラフしか使わない。編成全体に高圧ケーブルを引き通してあるので、反対側の動力車へはこのケーブルで電力を供給している。

ＴＧＶが新幹線を超える超高速を実現できた理由のひとつは、このパンタグラフにある。新幹線の設計時、パンタグラフから発生するアーク（火花）を抑えることに腐心していたことは前に書いた。しかしパンタグラフが1基なら、アークの発生は減少し、接触により発生する騒音も抑えられる。しかもそのパンタグラフは、最近、日本でも使い始めたシングルアーム式（Ｚ型ともいう）を、当初から採用していた。シングルアーム式は１９５５年、フランスのフェブレー社が特許を取得したもので、フランスでは60年代からこの方式を使ってきた。だからＴＧＶにも当然のように装備したのだろうが、結果的には高圧引き通し線を含め、新幹線に先がけての導入になった。

新幹線のＡＴＣに相当する自動列車制御装置もあるが、加速と停止以外は自動運転になる新幹線とは異なり、車内信号で告知はするものの、誤操作のときだけ機械が介入し、それ以外は運転手の判断に任せる方式だった。TGVは10両編成200mが基本で、多客時には2編成を連結した。0系は16両編成(当初は12両。16両化は1970年)400mだから半分の長さだ。定員を確保する理由から、座席はリクライニングせず、中央を境に向きが異なる通称「集団見合い式」としている。

新たなライバル、テスタロッサに対峙する

TGVが運転を開始した1981年、フランスはランボルギーニにも関わることになった。同国の実業家パトリック・ミムランがランボルギーニ社の全株を取得し、再建を買って出たのだった。その少し前、ランボルギーニは新しいエンジニアを迎え入れていた。かつてのライバル、マセラティの技術部門を長く率いてきたジュリオ・アルフィエーリだった。ちなみにマセラティは同じ年、2ℓV6ツインターボエンジンをコンパクトな4人乗りクーペボディに積んだ「ビトルボ」を発表することで、従来よりも安価なマーケットを狙うブランドに転進しようとしていた。

ミムランがまずアルフィエーリに命じたのは、カウンタックの改良だった。その結果、翌年3月のジュネーブショーで発表されたのが「LP500S」だった。名前は70年代に一世を風靡したウォルター・ウルフの愛車と同じだが、もちろんこちらはランボルギーニ・オリジナルである。LP500Sのボディは従来とほぼ同じで、インテリアもスイッチの配置が変更される程度だっ

たが、デビュー以来4ℓのままだったV12エンジンは初めて排気量が拡大された。5年前に5ℓの512BBになっていたライバルのフェラーリに、遅ればせながら追いついたわけだ。といっても正確には4・8ℓだったが、LP400Sでダウンしていた最高出力は375psに戻った。

ところがである。メーカー発表の最高速度は287km／hと、以前より低くなっていた。現実的な値に直したという意見もあったが、なんと自ら300km／hカーの座を返上してしまったのだ。しかしこれはランボルギーニに限った話ではなかった。同じ年、フェラーリも水平対向12気筒エンジンのキャブレター（気化器）をインジェクション（燃料噴射装置）に変更した「512BBi」を登場させていた。フェラーリはランボルギーニとは異なり、アメリカ市場が主要マーケットになっており、BBのインジェクション化は彼の地での排出ガス規制をクリアするための措置でもあった。その結果、パワーは340psとキャブレター時代より低下しており、最高速度も280km／hと控えめな数値になっていた。オイルショックという逆風を受け、精神的にもダメージを受けてしまったような両車だったが、この結果、デビュー以来BBが上に立っていたランボルギーニとフェラーリの最高速競争で、初めてカウンタックが上に立った。

しかしこの状況は、フェラーリにとっては束の間の休息だったのかもしれない。同社は2年後の1984年10月、512BBiに代わる新型車を送り出したからだ。1950年代後半のルマ

ランボルギーニ・カウンタック5000クワトロバルボーレ
(写真提供：アウトモビリ ランボルギーニ)

ンで優勝したレーシングマシンの名前を受け継いだ「テスタロッサ」だった。ピニンファリーナがデザインしたボディは、カウンタック同様、ラジエーターをエンジン横に移動したことに合わせ、ボディサイドに巨大なダクトを配していた。それを含め、デザインはBBより格段にモダンになり、モデルチェンジなしに作り続けていたカウンタックに差をつけた。鋼管を溶接して組み上げたフレームは、ホイールベースが50㎜伸びて2550㎜になった以外、基本的にBBに似ていた。だが5ℓ水平対向12気筒DOHCエンジンは、1気筒あたり2バルブから4バルブに進化しており、最高出力は一気に390psに跳ね上がっていた。その結果、最高速度は290㎞/hと、今度は3㎞/h差でカウンタックの上に立ったのである。

しかし、カウンタックは負けなかった。翌年3月のジュネーブショーに、「5000クワトロバルボーレ」という進化型を出展して巻き返した。クワトロバルボーレとは4バルブを意味するイタリア語だ。その名のとおり、テスタロッサ同様、V12DOHCエンジンは1気筒あたり2バルブから4バルブになっていた。さらに排気量も5・2ℓとフェラーリの上をいった。合計6基のキャブレターは、従来はサイドドラフトと呼ばれる水平配置のタイプで、吸気は2本のカムシャフトの間から行なう構造だった。それがクワトロバルボーレではダウンドラフトという垂直タイプに変更され、左右のシリンダー列の間から吸気する、ミウラと同じレイアウトに戻された。吸気ダクトが直線に近くなることから、効率面ですぐれた方式だった。垂直配置のキャブレターをクリアするために、エンジンフードは盛り上がり、もともと狭かった後方視界はさらに限られてしまった。その一方で、パワーは一気に455psまで跳ね上がっていた。カウンタックにとっては後方視界よりも最高出力のほうが重要だったことになる。エンジンの大型化によってホイールベースが2500㎜に伸びたボディは、前後のフードに合成樹脂を使うなどして軽量化を図っていたものの、1490㎏に達していた。しかし80psアップの効果は絶大で、最高速度はテスタロッサを5㎞／hだけ上回る295㎞／hとなった。

こうしてカウンタックは、5カ月間だけライバルに明け渡した最速12気筒の座を、奪還することに成功した。ただしそれは、12気筒という条件付きでのことだった。この間スポーツカーの世界では、性能面でさらに上をいくクルマたちが登場しはじめていたのである。

コンコルドの借りをエアバスで返した欧州連合

コンコルドがたった16機で生産を終了するなか、同じ1969年に初飛行を成功させたボーイング747は、翌年の初就航以降も順調に生産機数を伸ばし、1980年11月には通算500機目が工場から送り出されていた。コンコルドの速さと747の大きさの勝負は、後者に軍配が上がったかに見えた。しかしヨーロッパはこの状況を、黙って見ていたわけではなかった。次なるライバルをすでに送り込んでいたからだ。エアバスである。

エアバス構想は、1960年末には立ち上がっていた。アメリカの航空機産業に立ち向かうにはヨーロッパが手を取り合って対抗しなければ勝ち目はないという考えはコンコルドと同じであり、当初はイギリスとフランスの共同開発だった点も等しかった。しかしコンコルドがそうだったように、当初から両国の意見は食い違った。プライドの高いイギリスが、100～150人乗りの小型機ボーイング「737」の対抗機を考えたのに対し、ニッチ志向のフランスは737と747の中間の機体を望んだ。しかもコンコルドの場合とは異なり、イギリス側はまもなく共同開発への参加を断念してしまった。１９６４年に誕生したウィルソン首相率いる労働党政権が、コンコルドの共同開発からの撤退を発表し、大騒ぎになったことは前に書いた。あのときは調印後の撤退騒動だったのでフランス側から猛反対を受け、撤回したが、今回はそれ以前の段階だったために、いち早く脱退を宣言したのだった。

しかし共同開発プロジェクトは消えなかった。したたかなフランスは同時に、西ドイツにも参加を呼びかけていたからだ。第２次世界大戦の敗戦国である西ドイツは、卓越した技術を持つにもかかわらず、日本同様、戦後１９５５年まで飛行機の開発生産が連合国側によって禁止されていた。国際共同開発は、この国が再び民間航空機事業に参入するための絶好の機会であり、フランス側の誘いを受けた。こうして１９６９年５月、パリ航空ショー会場で、仏独両国がエアバス・インダストリー社の設立合意書に調印する。コンコルドも担当するアエロスパシアルと手を組んだのは、ドイツを代表する高級自動車会社の航空部門ダイムラー・ベンツ・エアロスペース（ＤＡＳＡ）だった。

「Ａ３００」と名づけられた第1号機は１９７２年10月に初飛行を行なうと、２年後の5月にエールフランスの手で初就航を行なった。コンコルドと比べると、共同開発調印から営業運航開始までの時間がかなり短いことに驚かされるが、これが本来のスピードである。コンコルドがあまりにも遅すぎたのだ。機体はフランスが当初から望んでいた、ボーイング737と747の中間サイズだった。747が先鞭をつけた2列通路のワイドボディでありながら、エンジン2基の双発であることが斬新だった。

A300という名前は、当初300人乗りを想定していたためだが、開発途中でエンジンが変更されたために、最終的には266人乗りとなった。それでも双発機としては例を見ない大型機であり、これほどの大型機を双発で飛ばすのは無理があると、アメリカからは否定的な意見が相次いだ。そのため当初は、開発国のエールフランスとルフトハンザ・ドイツ航空の2社しかA300を使わなかった。エアバスはコンコルドの二の舞になると誰もが思った。しかし1977年、アメリカの大手エアラインのひとつだったイースタン航空が導入したのを契機に風向きが変わった。

ワイドボディ双発という異例の設計を持つA300は、燃費がよかった。これがオイルショックで苦境に陥ったエアラインの注目を集めたのだ。コンコルド失敗の主因になったオイルショックは、エアバスを成功に導いた。1972年にスペインの航空機製造企業CASAが参加したのに続き、一度は連合から脱退したイギリスのBAeが1978年になって加入すると、翌年にはワイドボディ機で世界一の製造数を記録した。A300がボーイング747を抜いた瞬間だった。コメット、コンコルドと2度続けてアメリカに敗れたヨーロッパの航空機産業だったが、今回は

エアバスA320（写真提供：エールフランス航空）

エコという新しい概念をアピールすることで、初めてアメリカから主役の座を奪おうとしていた。

そのエアバスが一気に躍進したのが１９８０年代だった。１９８２年４月、Ａ３００のボディを短縮した「Ａ３１０」が初飛行に成功すると、５年後の１９８７年２月には１列通路のナローボディ機「Ａ３２０」が登場し、翌年３月に初号機の引渡しが行なわれている。このＡ３２０では、コンコルドが初採用したフライ・バイ・ワイヤを進化させ搭載していた。操縦席横にあるジョイスティックでコントロールを行なうという斬新な機構を投入していたが、コンコルドの精神が形を変えて受け継がれたということもできた。

東北・上越新幹線に立ちはだかった難関とは

東京から西へ向かっていた新幹線が、北へも走るようになったのは、TGV開業の翌年、1982年のことだった。まず東北新幹線が6月23日に開業し、続いて上越新幹線が11月15日に走り始めた。ただし、両線ともに始発駅は東京でも上野でもなく、大宮だった。上野〜大宮間は、当初、地下線にする予定だったが、地盤が軟弱だったので地上線に切り替えた。ところが騒音などを理由に大規模な反対運動が起こり、工事が大幅に遅れたために、暫定的に大宮始発としたのである。コンコルドのニューヨーク乗り入れ時に勃発した騒動が、日本の新幹線でも異なる形で展開されたのだった。

上越新幹線の開業がさらに半年近く遅れたのは、トンネルが原因だった。高崎〜上毛高原間にある中山トンネルで、工事中に2度にわたる大規模な出水事故を起こしており、1回目の出水では作業員51人がトンネル内に取り残され、間一髪で救出されるという事態を招いていたのだ。この結果、トンネルのルートは2度も変更されることになり、最終的には新幹線の規定である半径4000mを大きく下回る、半径1500mのS字カーブで地盤の悪い箇所を回避することになった。おかげでこの区間は160㎞／hの速度制限が課せられることになった。それ以外の区間も騒音に配慮するなどをした結果、最高速度は東海道・山陽新幹線と同じ210㎞／hで据え置かれた。それでも大宮〜盛岡間は最速で3時間17分、大宮〜新潟間は1時間45分で結ばれた。大宮〜上野間は在来線を走る「新幹線リレー号」による連絡だった。

東海道新幹線の関ケ原付近で悩まされた雪害を防止すべく、軌道はスラブ方式として、トンネルが連続する区間では、短い間隔の部分はスノーシェルターで覆った。それ以外はスプリンクラーで対処している。車両は新開発の「２００系」で、当初は12両編成だった。東海道・山陽新幹線の青に対し、緑のストライプになったのは、雪解けとともに現れる新芽をイメージしたといわれているが、期せずして後に発足したＪＲ東日本のコーポレートカラーと共通になった。こちらも雪害対策は万全で、床下機器をサイドカバー内に納めたボディマウント方式を採用し、冷却用の空気は車体側面から取り入れ、遠心力を活用した雪切り室を経由して導入した。また先頭車のスカートには雪を掻き分けるスノープラウを装着している。

使用電源は東海道・山陽新幹線と同じ交流２万５０００Ｖで、東日本のみを走るため周波数は50Hzとなった。０系同様に全電動車であるが、モーター出力を０系の１８５kWから２３０kWにアップするとともに、タップ切り替えによる電圧制御から半導体を用いた連続位相制御とすることで、スムーズな加速を実現していた。重量のかさむ耐雪構造を取り入れたために、車体を鋼製からアルミ合金製へと変更し、軽量化を図ったことも特徴だった。

上野～大宮間が開通したのは３年後の１９８５年３月14日だった。同年９月30日に開通した、赤羽～大宮間を新幹線と並行して走る埼京線は、沿線の反対運動解決のために用意された路線だ

空気抵抗を少なくするためフロントガラスにもカバーを付けて高速度試験を行なう200系

った。この区間は現在に至るまで最高速度110㎞／hとなっているが、実際に運転が始まってみると埼京線用通勤電車のほうが通過音量が大きく、新幹線の騒音対策を立証する結果になった。

一方、大宮以北では、1964年の東海道新幹線開業以来不変だった最高速度が引き上げられた。東北新幹線だけであるが、240㎞／hになったのだ。スピードアップの秘訣はパンタグラフにあった。このとき登場した200系1000番代は、これまで電動車2両ごとに1基だったパンタグラフが、引き通し線を使うことで、1編成3基まで減らされたのだ。TGVと同じ技術を使ったことになる。その後従来の200系にも、順次同様の改造が施された。1986年11月には、この車両が速度試験で271㎞／hを記録し、国鉄分割民営化でＪＲが誕生した２年後の１９８８年の９月には、２７６km／ｈへとその数字を伸ばしている。さらにこの年には、上越新幹線の営業運転も２４０km／ｈにスピードアップした。

ポルシェ959とフェラーリF40の衝撃

１９８４年に12気筒モデルをＢＢからテスタロッサに世代交代させたフェラーリは、同じ年の３月に開催されたジュネーブショーでは、「２８８ＧＴＯ」というモデルも発表していた。ＧＴＯという名前は、１９６０年代初めに２５０ＧＴをベースに作られたレース用車両から受け継いだ。ランボルギーニＶ12エンジンを設計したジオット・ビッザリーニが、その前のフェラーリ時代に開発した車両である。

新しいＧＴＯも、１９７５年にディーノＧＴの後継車として発表された「３０８ＧＴＢ」をベースとしたレース用車両で、レースの参戦資格を得るために、２００台だけ生産される予定だった。３０８ＧＴＢに積まれていた３ℓＶ型８気筒ＤＯＨＣエンジンを２・８ℓに縮小する代わりに、ターボチャージャーを２基も装着した。その結果、最高出力は実に４００psに達していた。パワーアップに伴い、３０８ＧＴＢではディーノＧＴやミウラと同じ横置きだったエンジン搭載方法を、縦置きに改めていたことも特徴だった。そのためボディは運転席から後ろが伸ばされ、太いタイヤを履くために前後のフェンダーも膨らんでいた。

　この288GTOに正面から対決を挑んできたのがポルシェだった。1983年にプロトタイプが発表されたあと、2年後にパリ・ダカール・ラリーに出場し、優勝した1986年に288GTO同様200台限定で生産を始めた「959」である。こちらのベースはポルシェを代表するスポーツカーの911で、ボディも車室部分は911の面影を残していたものの、前後のフェンダーは大幅に広げられ、直立していたヘッドランプは空気抵抗を減らすべくレンズ面を傾け、リアにはフェンダーと一体化したウイングが内蔵されるなど、大きく印象を変えていた。リアに積まれる空冷水平対向6気筒SOHCエンジンは、少し前からレーシングカーに使われていたシリンダーヘッドのみ水冷DOHCという構造に変更され、排気量はレースの車両規則に合わせ、288GTOと同じ2・8ℓとなった。ターボを2基装着した点も288GTOと共通で、450psを発生した。

　959は、市販スポーツカーではいち早く6速トランスミッションを採用したうえに、駆動系には1970年代から開発を進めていた電子制御4WDを導入するなど、ドイツ生まれらしくメカニズムの先進性では288GTOの上をいっていた。気になる最高速度は、288GTOが305㎞／h、959が310㎞／hとアナウンスされていた。限定生産車とはいえ、カウンタック5000クワトロバルボーレやテスタロッサを上回っただけでなく、カウンタックLP400や365GT／4BBさえも超越してしまっていた。しかもそれを、スーパーカーの代名詞といわれた12気筒エンジンではなく、3ℓ以下の6気筒や8気筒という手頃な排気量にターボチャージャーという新しいテクノロジーを掛け合わせることで達成していた。パワーでは455psのカウンタック5000クワトロバルボーレが、450psの959や400psの288GTOを上回っていたのに、トップスピードで逆転されたのは、空力性能の差といえた。プロトタイプの発表から15年を経ていたカウンタックは、古さが目立ちはじめていたのである。さらに288GTOはF1テクノロジーを受け継いだ先進的な複合素材を採用して1160kgという軽量ボディを達成し、1770kgという重量級の959は6速トランスミッションが高性能の味方になっていた。

いずれにせよこの2台は、排気量やシリンダー数や最高出力が優劣を決めていたスーパーカーの歴史が、新しい時代に入ったことを知らせていた。それが評価されたのか、288GTOは272台、959は400台と、当初の予定を上回る台数が生産されている。

しかもフェラーリには、奥の手があった。288GTOの進化形である。1987年に7月に発表されたこのモデルは、フェラーリ創立40周年を記念して「F40」と名づけられていた。内容的には288GTOの発展型だったが、ボディはフロントノーズが低められ、リアには959同

フェラーリF40

様フェンダー一体のウイングが設置された。前作以上に先端素材を多用したことで、重量は1114kgと60kg軽くなっていた。V8ツインターボエンジンは2・9ℓに拡大されたほか、ターボ過給圧をアップするなどしており、最高出力はカウンタック5000クワトロバルボーレを超え、478psに達していた。その結果最高速度は、実に324km／hをマークするとされていた。

F40は発表の翌月、フェラーリの創始者エンツォ・フェラーリが死去したことで、おりからのバブル景気も手伝い、プレミア的な人気を得ることになる。そのため当初は400台限定といわれた生産台数は1311台にまで伸び、92年まで作られ続けた。絶対的な性能だけでなく、存在感においても、フェラーリはカウンタックを超えるスーパーカーを送り出すことに成功したのだった。

スペースシャトルはSSTか？

ＴＧＶが登場し、ランボルギーニが再建に向けた一歩を踏み出した１９８１年は、ＳＳＴをものにできなかったアメリカが、性能面ではるかに上をいく飛行物体を、「スペースシャトル」の名とともに登場させた年でもある。オービターと呼ばれる機体は、ロケットエンジンを推進力としており、外部燃料タンクと固体燃料補助ロケットの力を借りて大気圏を飛び出し、宇宙でさまざまな活動を行なった後、再び大気圏に突入し、通常の旅客機のように滑走路に着陸した。ロケットと飛行機の中間に位置する乗り物といえた。旅客機に比べて明らかに太い機体は、宇宙空間で放出する人工衛星などを搭載するためである。ロケットエンジンは３基備わっており、噴射口が上下左右に首を振ることで向きを変える。大気圏突入時には機首や翼端の温度が１６００℃以上に達することから、機体表面は耐熱タイルで覆われていた。

実はこのオービターの製作には、間接的にボーイングが関わっている。オービターは１９６７年にノースアメリカンと合併したロックウェルの航空宇宙部門が開発を担当したのだが、そのロックウェルは１９９６年ボーイングに吸収されており、その後の事業は同社が引き継いでいるか

スペースシャトル・ディスカバリー（写真提供：NASA）

らだ。

最高速度マッハ23と、コンコルドとは比較にならないほどの性能を誇るスペースシャトルを、飛行機とは異なる種類の乗り物とみなす人もいる。しかしコンコルド以上の性能を求める場合、成層圏のさらに上を飛行するほうが性能面でも環境面でも有利なのである。

それを立証したのが１９８６年、時のアメリカ大統領ロナルド・レーガンが発表した「オリエント・エクスプレス計画」である。もちろん鉄道のオリエント・エクスプレスとは別物である。飛行機と宇宙船の特性を兼ね備えた、いわゆるスペースプレーンと呼ばれる乗り物で、大気圏外まで上昇して飛行するという計画だった。想定最高速度はマッハ25と、スペースシャトルさえ上回っており、ロサンゼルス〜東京間を2時間で結ぶとされた。ゆえにオリエント・エクスプレスと名づけられたのである。

まずＮＡＳＡと国防総省が主導で、実証実験モデル「Ｘ‐30」を作ることを決定した。Ｘはアメリカの実験機に冠される文字であり、世界初の超音速機ベルＸ‐１をルーツとしていた。かつてＳＳＴの採用争いに敗れたノースアメリカンを吸収したロックウェル・インターナショナル、戦前の名機ＤＣ‐３を生んだダグラスとマクドネルが合併して生まれたマクドネル・ダグラス、船舶メーカーから転進したゼネラルダイナミクスがこの計画に名乗りを上げ、エンジンメーカーではプラット＆ホイットニーが参入を表明した。しかしながら、開発費が予想以上にかさむことに加え、需要も見込めないことから、当初は１９９２年といわれていた初飛行が、間もなく２０００年にまで延期された挙句、結局プロジェクトそのものが中止となってしまった。

ソ連もスペースシャトルに似た宇宙船の研究開発を行なっていたことで知られる。コンコルドに対するツポレフＴｕ‐１４４同様、西側諸国への対抗から生まれたプロジェクトで、外観はスペースシャトルに類似していた。このプロジェクトは、１９８５年にミハイル・ゴルバチョフが書記長に就任して以降も継続された。１９８８年11月には「ブラン」と命名されたオービターが、ロケットの力を借りて成層圏外に打ち上げられ、地球を2周した後、宇宙基地の滑走路に着陸し、実験を成功させている。しかし同時期、ソ連はゴルバチョフ書記長の手でペレストロイカ（改革）

やグラスノスチ（情報公開）などの民主化が進められている最中でもあった。その後1990年にはゴルバチョフが初代大統領に就任し、翌年ソ連が解体されてロシアなどに分離独立すると、プロジェクトは自然消滅してしまった。ゴルバチョフはブランでの経験をスペースプレーンに発展させようと考えていたようで、ジェットとロケットエンジンを併用してマッハ10を出し、モスクワ〜東京間を2時間で飛行する300人乗りの機体を構想していた。しかしブラン・プロジェクト計画の終焉とともに、こちらも雲散霧消してしまった。興味深いのは、米ソどちらの計画も、想定した目的地を相手国やヨーロッパではなく、東京に定めていることだ。こういった部分からも冷戦時代の名残を感じることができる。

ヨーロッパもコンコルドの生みの親であるアエロスパシアルとBAe、エアバスの構成メンバーであるDASAなどが、独自にSSTの開発を始めていた。このうちアエロスパシアルは1987年のパリ航空ショーで、150人乗り、最高速度マッハ5というSST計画を発表した。名称は「AGV」と、高速列車TGVのT（トラン＝列車）をA（アビヨン＝飛行機）に変えたもので、すでにTGVが高速移動手段として広く知られていることを物語っている。しかしアエロスパシアルが共同開発を呼びかけたのに対し、反応はなく、こちらも計画は頓挫してしまった。

新幹線より先に３００㎞／ｈ営業運転を実現したのは

東北・上越新幹線開業後も、０系による２１０㎞／ｈ運転を続けていた東海道・山陽新幹線に改革の波が訪れたのは、上野開業と同じ１９８５年だった。「１００系」を名乗る新型車がようやく投入されたのだ。１００系は外観からして、０系や２００系と違っていた。空気抵抗と走行騒音の低減のために先頭車がより尖っており、切れ長の前照灯ともどもモダンな雰囲気を演出していた。しかも中間の８・９号車は2階建てになっていた。８号車は食堂車で、２階を食堂、１階を厨房と通路にしており、グリーン車となる９号車は1階が個室だった。後に８号車の2階をグリーン室、１階をカフェテリアにした１００系G編成や、２階建てを4両とした１００系V編成（グランドひかり）も生まれた。

１００系は、全電動車だった0系や２００系とは違い、２階建て車両と先頭車の合計4両がモーターのない付随車だったことも特徴だった。これに対応して主電動機の出力は２００系と同じ２３０kWにアップし、半導体を用いた位相制御も導入した。付随車には発電ブレーキが使えないので、発電ブレーキで生まれた電力をブレーキディスク脇の電磁石に流し、そこで発生した渦電流で制動するという渦電流ディスクブレーキが採用された。コストダウンにも留意され、車体にアルミは使われず、雪害対策は床下機器へのカバー装着で対処した。

当然ながら、100系の登場で0系は生産を終了した。3216両という累計生産台数は、現在に至るまで新幹線の最高記録である。ただし高速走行を続けるがゆえに消耗が激しく、約10年前からすでに廃車が始まっていたので、前記の台数がすべて生き残っていたわけではなかった。100系の最高速度は当初210㎞／hのままだったが、翌年11月から0系ともども220㎞／hにアップし、東京～新大阪間は2時間56分、新大阪～博多間は2時間59分と、念願の3時間切りを達成した。さらに山陽新幹線は1989年、230㎞／hとさらに10㎞／hのスピードアップを実現している。

しかしヨーロッパはその頃、はるかに上を目指していた。

まずはフランスに続いて高速鉄道に参入しようとした西ドイツの「ICE」が、1985年に試験車両で300㎞／hを記録すると、高速新線が部分開通した3年後の5月には試験専用車「ICE-V」が406.9㎞／hと、鉄道による初のオーバー400㎞／hを果たしている。ただし、営業運転は東西ドイツが統一した2年後の1991年からであり、200㎞／h以上の高速鉄道に話を限ると、イタリアが欧州で2番目になった。第4章でも紹介した振り子電車「ペンドリーノ」ことETR450が1988年にようやく完成し、ディレティッシマと呼ばれる高速

イタリアの振り子電車・ペンドリーノ（撮影：結解　学）

専用路線に投入され、２５０㎞／ｈのスピードをマークしたからだ。この頃には、ＴＧＶは当初の２６０㎞／ｈ運転が問題ないことから、２７０㎞／ｈに最高速度を引き上げていた。そして１９８９年９月に開業したＬＧＶ大西洋線（アトランティーク）で、世界初の３００㎞／ｈ営業運転を開始してしまう。

この新路線に投入された「ＴＧＶ‐Ａ」（Ａはアトランティークの頭文字）と呼ばれる新型車両は、南東線を走るＴＧＶ‐ＰＳＥとは、モーターからして異なっていた。新幹線０・２００・１００系も使った直流直巻電動機（モーター）ではなく、交流同期電動機を採用していたのである。新幹線が交流モーターに転換したのは１９９２年運転開始の「３００系」が最初だから、ここでも一歩先を行ったことになる。[※12] 三相交流を使う同期電動機は小型高性能なモーターとして知られており、最近ではハイブリッドカーや電気自動車に使われている。架線に流れている交流は商用周波数と同じ単相で、三相へ直接変換することが難しいので、整流器で一度直流に変え、その後インバータ[※13]で三相交流にしている。昔はインバータの性能が低かったが、１９８０年代に入る頃には周波数と電圧を連続的に可変させるＶＶＶＦインバータの実用化に目処がついていた。ＴＧＶ-Ａはこの技術をいち早く導入した高速車両だったのである。勾配が最大15‰と緩いことから、電動台車が動力車のみとなったことや、車体幅が２・８ｍから２・９ｍに拡大され、１等の座席がリクライニングシートになるなど快適性が向上していたことも、ＴＧＶ-ＰＳＥとの違いだった。外観はオレンジをベースに白とグレーを入れたＴＧＶ-ＰＳＥに対し、ＴＧＶ-Ａではシルバーに青のストライプという塗装に変わった。間もなくこれがＴＧＶの標準色になり、ＴＧＶ-ＰＳＥも後に塗り替えられている。

ところで、コンコルドでこのフランスとパートナーを組んだイギリスでは、１９８４年に世界で初めて磁気浮上式鉄道の営業運転を始めている。バーミンガム空港とバーミンガム国際展示場駅間６２０ｍを結ぶ「バーミンガムピープルムーバー」である。続いて１９８９年には西ドイツの西ベルリン市内１・６㎞で、「Ｍバーン」が２番目の営業運転を始めている。ただし、最高速度はバーミンガムは54㎞／ｈ、Ｍバーンは80㎞／ｈにすぎず、磁気浮上式といっても高速鉄道ではなかった。おまけにＭバーンは１９９２年、バーミンガムも３年後に廃止されており、長続きはしなかった。低速短距離の磁気浮上式鉄道はその後も採用例があり、日本でも１９８９年の横浜博覧会で来場者の輸送に従事した「ＨＳＳＴ‐１００」や、２００５年の愛知万国博覧会（愛・地球博）に合わせて開業し、現在も愛知高速交通東部丘陵線として営業運転を継続している通称「リニモ」の「１００」がある。

さらにこの時期には、当初新幹線として設計されながら、在来線として開業した路線が生まれている。ＪＲ発足翌年の１９８８年3月に開通した青函トンネルと、3年後の3月に営業運転を始めた成田線成田〜成田空港間だ。ただし、計画そのものが中止された成田新幹線とは異なり、青函トンネルの枕木は標準軌対応の長いサイズとなっているので、レールを外側に追加して両方の列車が通過できる3線とし、電圧を交流2万Ｖから2万５０００Ｖに変えることで、将来的に新幹線が走れる構造になっている。

アメリカの手に渡ったランボルギーニ

１９８０年代中盤、フェラーリは２８８ＧＴＯ、Ｆ40と、カウンタックの上をいく超高性能車を相次いで送り出した。これに対して、ランボルギーニは対抗手段を持っていなかったのか。そうではなかった。５０００クワトロバルボーレを開発時、チーフエンジニアのアルフィエーリは、V12エンジンを７ℓまで拡大することや、ターボチャージャーの装着も考えていたという情報がある。このいずれかがカウンタックに積まれたら、F40に匹敵する性能を手にしていたかもしれない。しかし、７ℓではエンジンが大きく重くなり、車体全体のバランスを崩す恐れがあることからキャンセルされ、ターボは狭いエンジンルームにタービンや吸入気を冷やして燃焼効率を上げるインタークーラーを納める空間がないことから、却下されたという。もしフェルッチオがランボルギーニの指揮を執り続けていて、会社としての経営が順調だったら、カウンタックはこれらのエンジンを搭載して、フェラーリに立ち向かっていたかもしれない。しかし再建途上にあった当時のランボルギーニに、そんな挑戦は許されなかった。騒音問題に阻まれてスピードアップが実現できないなか、先輩格に当たるヨーロッパの高速鉄道に先を越された当時の新幹線に通じる状況だった。

それどころか、５０００クワトロバルボーレが発表された2年後の１９８７年には、またもランボルギーニの経営権が移動している。フランスのパトリック・ミムランからバトンを渡されたのは、ボーイング７４７を生み、スペースシャトルを育てつつあったアメリカの、自動車会社クライスラーだった。

クライスラーは２０１０年初頭の経営破綻後、フェラーリを傘下に持つフィアットの手で経営立て直しを図っているが、当時はそのフィアットに対し、スーパーカーの世界でライバルに名乗りを上げていたのである。当時、クライスラーの舵取りを行なっていたのは、１９６０年代にフォードにおいて「マスタング」を成功させて後に同社の社長を務め、デトマソ・パンテーラの企画にも関わっていたリド・アンソニー（通称リー）・アイアコッカだった。１９７８年にクライスラーＣＥＯに就任した彼は、ランボルギーニ買収の前から、旧知の間柄であるアレッサンドロ・デトマソとの間で、当時デトマソ傘下にあったマセラティとの共同開発車を作る計画を進行中だった。イタリア系移民の息子という血がそうさせたかどうかは不明だが、アイアコッカの経歴に、イタリアとの提携話が頻繁に登場することはたしかである。

クライスラーはさっそく、カウンタックに代わるニューモデルの開発を始める。しかしその間、偉大なるフラッグシップを放っておくわけにはいかなかった。ランボルギーニの自動車部門創立25周年となる１９８８年を目標として改良を重ねていく。これが同年発表された「カウンタック・アニバーサリー」である。デザイン面での最大の特徴は、カウンタックの歴史上初めてリアバンパーが装備されたことだった。これに合わせてリアパネルのデザインも変えられ、フロントバンパーも一新されている。対米輸出を配慮した結果といえた。それ以前からオプションで用意

ランボルギーニ・カウンタック・アニバーサリー
（手前・写真提供：アウトモビリ ランボルギーニ）

されていた、前後のオーバーフェンダーを結ぶサイドのスカートは標準装備となり、フロントのバンパー下に備えられたスポイラーともども、ブレーキ冷却用ダクトが備えられた。エンジンルーム左右のルーバーやダクトが整理されたことも特徴だった。一方でリアウイングは、空力的には好ましくないということで、オプションでも用意されなかった。素材面でも見直しが図られ、一部のパネルには複合材料が用いられている。

インテリアでは、シートが初めてリクライニング可能なパワーシートとなり、パワーウインドーが装備されるなど、アメリカの匂いが感じられる改良が施されていた。ステアリングのデザインもモダンに仕立て直されていた。エンジンはクワトロバルボーレ時代と共通だが、高効率ラジエーターや大型ウォーターポンプの採用で、弱点だった低速走行時の冷却性能が向上していた。これもまたアメリカ市場を前提とした改良といえた。シャシーはこの時期テストドライバーに就任した元ラリードライバー、サンドロ・ムナーリの手で熟成されており、アルミホイールのデザインも一新された。

しかし前述したように、クライスラーはカウンタックに代わる新型車の開発を並行して始めていた。アニバーサリーは新型が完成するまでのつなぎ的な存在だった。名目上は25周年記念車だったが、実は最終型としての意味合いも持たされていたのだった。イタリアで生まれたランボルギーニは、その後スイスやフランスの資本家の手を経て、アメリカ企業の手に委ねられた。その過程で、20年近い現役生活を送ってきたカウンタックにも、ついに現役引退の日が訪れようとしていた。

スーパーカーは、つねにその時代における最高水準の走行性能を持っていなければ、存在価値はなきに等しい。それを考えると、カウンタックが発表から20年近くもの間、現役を続けたことは、称賛に値する。そのカウンタックがここへきて、後継車へとバトンを渡すことになったのは、やはりフェラーリF40の存在が大きかったといえる。そこへタイミングよくクライスラーが救いの手を差し伸べたことで、世代交代の舞台が整った。

こうした経緯は新幹線に似ている。1980年代はじめにフランスで走り始めたTGVは、新幹線を超える最高速度を実現した。それに対して新幹線は、車両では東北・上越新幹線用200系や東海道・山陽新幹線用100系を投入し、最高速度の引き上げも実施したが、その時点ではTGVには届かなかった。しかし1987年に国鉄民営化が実現したことで、TGVに並ぶ性能を備えた次世代車両の開発に着手することが可能になった。

ひと足先にエアバスを登場させ、アメリカが独占していた中大型旅客機の世界に風穴を開けつつあった欧州連合に続き、強力なライバルに新体制で対抗するという構図が展開されたのが、この時代だったのである。

※**12三相交流**　交流は一定の周期で正極と負極が入れ替わる。このサイクルを位相と呼びHzで表している。交流は複数の電線で流すことが多く、3線以上の電線に位相の異なる3種類の交流を流す状況を三相交流と呼ぶ。

※**13インバータ**　交流を直流に変換する整流器（AC－DCコンバータ）の逆で、直流を交流に変換する装置。交流電動機の一般化にともない採用例が増えている。

第6章

新世紀を視野に入れた世代交代

1990年代

3つに分かれたカウンタックの遺伝子

クライスラーの指揮で開発が進められたランボルギーニの新型車は、「ディアブロ」という名称とともに、1990年3月のジュネーブショーで発表された。しかしその内容は、カウンタックに極めて似ていた。運転席の背後に積まれるエンジンはV型12気筒DOHC4バルブで、トランスミッションは通常のミッドシップとは逆にエンジンの前に置かれていた。ウェッジシェイプと跳ね上げ式ドアが目立つボディも共通だった。そのデザインが、ベルトーネから独立したマルチエロ・ガンディーニの手になることまで一致していた。ただし、ホイールベースは200㎜も長い2650㎜に延長され、ボディサイズは全長4460㎜、全幅2040㎜、全高1105㎜と、幅と高さはカウンタックの最終型アニバーサリーと大差なかったが、長さは260㎜も伸びた。スペースフレームを構成する鋼管が丸断面から角断面になったほか、ドライブシャフトとデファレンシャルギアをエンジン右側にオフセットすることで、エンジン高さが50㎜低められたことも変更点だった。

そのボディはドアやフェンダーをアルミ、前後のフードやバンパーをカーボンファイバー製とするなどの軽量化が実施されており、車重は1576kgとアニバーサリーより軽かった。これに対して排気量は５・７ℓに拡大され、燃料供給装置がキャブレターからインジェクションに進化したこともあり、最高出力は４９２psに強化されていた。最高速度はランボルギーニの市販車では久々に３００km／hを超え、３２５km／hとされた。１９８０年代の自動車界に衝撃を与えたフェラーリF40をたった１km／hではあるが、上回っていたのである。

ランボルギーニ・ディアブロ
（写真提供：アウトモビリ ランボルギーニ）

翌年、フェラーリはテスタロッサをモデルチェンジして「５１２ＴＲ」に進化させたが、水平対向12気筒エンジンの排気量は５ℓ、パワーは４２８psに留まっており、最高速度は３１３・８km／hとなっていた。

ところでこの時期には、ランボルギーニ以外からもカウンタックの遺伝子を受け継ぐスーパーカーが、２台も世に送り出されている。ひとつは1988年3月のジュネーブショーで発表され、2年後に生産が始まったチゼータの「モロダーV16T」である。チゼータはCZのイタリア語読みで、創業者クラウディオ・ザンポーリのイニシャル、モロダーはアメリカで活躍していたミュージシャンで共同出資者のジョルジオ・モロダーのことだった。ザンポーリはモデナ生まれで、1966年から73年までランボルギーニに在籍していた。その後アメリカに渡りランボルギーニのディーラーを始めていた。こうした経験を生かし、故郷でスーパーカー作りに乗り出したのだった。

デザインを手掛けたのはカウンタックやディアブロと同じガンディーニで、フロントノーズ周辺の造形はディアブロに似ていた。ドアは通常の開き方だったが、リトラクタブル式ヘッドランプは上下2段とすることで個性を放っていた。フレームはディアブロと同じ鋼管溶接構造で、ボディはアルミ製となっていた。しかし、エンジンはランボルギーニとは大きく異なる。最大の特徴は車名が示すとおり、V型16気筒DOHC64バルブだったことだ。排気量は6ℓ、最高出力は560psと、ともにディアブロを上回っていた。V16Tはこのエンジンを運転席背後に横置きし、縦置きのトランスミッションを介して後輪を駆動していた。車名の最後のTは、エンジンとトランスミッションの配置を図案化したものだった。最高速度はディアブロとまったく同じ、325km／hとアナウンスされていた。

もう1台は1991年9月にパリで発表されたブガッティ「EB110」である。第2次世界大戦前にスポーツカーや高級車、さらには高速鉄道車両でも名を馳せたブガッティは、戦後1956年に操業を停止していた。その商標を1987年にイタリアの実業家ロマーノ・アルティオーリが取得し、モデナ郊外のカンポガリアーノに新会社を設立したのである。なぜEB110がランボルギーニと関係があるかというと、デザインはガンディーニ、チーフエンジニアはパオロ・スタンツァーニと、カウンタックを生んだコンビで開発されたからだ。ミッドシップに縦置きされたエンジンは3・5ℓV型12気筒5バルブに4基のターボを装着したもので、最高出力はチゼータ・モロダーV16Tと同じ560psだった。このエンジンを前後逆に積んだ点はディアブロと共通だったが、トランスミッションはエンジンの横に位置し、そこからシャフトが前後に伸びる4WDだった。

ただし、アルティオーリはガンディーニ＋スタンツァーニの作風が気に入らず、デザインは社内デザイナーが手直しし、車体は材質をアルミからカーボンファイバーに切り替えるなどの変更が行なわれた。これが市販型で、ボディ製作はコンコルドやエアバスを手がけたアエロスパシアルが担当していた。トップスピードはディアブロやチゼータを上回り、スタンダード版が342km／h、遅れて登場した611psの高性能版「スポルトストラダーレ」では355km／hをマークするとされた。もっとも2台の登場は、好景気の後押しによる部分も大きかった。バブルが弾けると間もなく両社は倒産し、クライスラーという大資本のバックアップを受けたディアブロだけが生き残るという結果になった。

アウトバーンの国の新幹線

鉄道で500㎞/hの大台を超える記録が出たのは、1990年5月17日のことだ。フランスのLGV大西洋線を走るTGV‐Aをベースとした試験車が、515・3㎞/hをマークしたのである。これは日本よりも、2年前のドイツ（当時は西ドイツ）の記録を意識したものといえた。それまで300㎞/h台の記録をもって世界一の座を守り続けてきたフランスにとって、初の400㎞/h超えを隣国に記録されたことが、悔しかったのではないかと思われる。

一方、記録を破られたドイツでは翌1991年6月2日、ICEと名づけられた高速鉄道の営業運転が始まった。NBSと呼ばれる高速新線の開業に合わせ、ハンブルク〜フランクフルト〜ミュンヘン間で運行を開始している。ドイツの交流電化は1万5000V、16⅔Hzという特殊な規格を使っており、NBSも共通だった。5100mの最小曲線半径や、最大勾配を12・5‰に抑え、山岳地帯はトンネルで通過するという考え方は新幹線に似ていたが、軸重は日仏の17tに対し20ｔと、ドイツらしく余裕を持たせていた。

車両は、新幹線とＴＧＶの特徴を併せ持つ内容を備えていた。編成長３８２ｍ・14両編成の両端を動力車とした方式はＴＧＶと共通だったが、中間の客車は連接車ではなく、新幹線と同じボギー台車を用いていた。そのため需要に合わせて中間車両を自由に増減させることが可能だった。幅３０４０ｍ、高さ３８４０ｍという寸法もまた、新幹線０系とＴＧＶの初期型ＴＧＶ-ＰＳＥの中間である。ただし、ＶＶＶＦインバータで制御する交流モーターは、ＴＧＶ-Ａで使われた同期電動機ではなく、誘導電動機を採用していた。同期電動機が、外側の固定子だけでなく内側の回転子にも電流を流す、あるいは高性能永久磁石を回転子とする必要があるのに対し、誘導電動機は固定子が発生する回転磁界で籠のような構造の回転子を回すので、安価に製作できるという利点があった。誘導電動機の欠点は、固定子へ流す電流・電圧と回転子の運動の間にタイムラグが生まれる、通称「すべり」の発生だったが、インバータ制御の発達により解消できるようになり、実用化に目処がついた。後に新幹線やＴＧＶでも使われるこの方式を、ＩＣＥはいち早く導入したのである。

ところが、ＩＣＥの最高速度は２５０㎞／ｈと、速度無制限の高速道路アウトバーンを持つ国としては控えめで、フランスはおろか日本よりも下だった。ＪＲ東日本では１年前の１９９０年

3月10日から、上越新幹線の最高速度を240㎞/hから275㎞/hに引き上げ、上野～新潟間を1時間36分に短縮していたからだ。もっともこの数字、上毛高原～浦佐間の下り勾配を活用したもので、陸上競技の追い風参考記録に近いかもしれないが、新幹線の営業運転最高速度が引き上げられたことは事実だった。翌1991年6月には東北新幹線ともども、待望の東京駅乗り入れが始まったが、前述の275㎞/h運転は受け継がれた。

翌1992年3月には、JR東海の東海道新幹線もスピードアップを果たしている。新型車両「300系」を使った「のぞみ」が誕生し、最高速度270㎞/hで東京～新大阪間を2時間30分で結ぶことになった。翌年には山陽新幹線の博多まで直通することになり、東京～博多間を5時間4分で走破した。

300系は新幹線では初めて、現在の主流である交流モーターを使っていた。しかもICEに続き、交流誘導電動機を採用した。回生ブレーキも新幹線では初採用になった。自動車の分野では、ガソリンエンジンとモーターを併用し、インバータや回生ブレーキを装備した世界初の市販ハイブリッドカー、トヨタ「プリウス」が発表されたのが5年後だから、新幹線が先んじたことになる。ただし回生ブレーキに関しては、鉄道の世界では第2次世界大戦前から採用例があった。軽量化が徹底されていることも特徴で、それまで15～16tあった軸重をわずか11・4tに抑えている。さらに空気抵抗を低減する目的もあって、全高は3650㎜とドイツICEより低くなった。架線の高さは変えられないので、パンタグラフの空気抵抗が問題になり、巨大なカバーで覆われることになった。

300系は電動車2両と付随車1両を1ユニットとした16両編成で、電動車は10両となるが、パンタグラフは1編成に3基しかなかった（走行中に使用するのは2基）。東北・上越新幹線に続き、騒音低減のために減らしたもので、100系にも同様の改造が施された。

ところで当初、朝一番の下り「のぞみ」は、新横浜に停車する代わりに名古屋と京都を通過していた。深夜に保線作業を行なう関係で、早朝の列車は規定の速度を出すことが難しく、そのなかで2時間30分を実現するためだった。しかし、全列車停車を前提として設計された名古屋、京都両駅は、通過時に70㎞／hまで速度を落とさなければならず、名古屋周辺地域からの反発もあり、保線作業の改善を行なった結果、1997年から新横浜、名古屋、京都に停車したうえでの2時間30分運転を開始している。

この時期の新幹線は、速度挑戦も積極的だった。従来は350㎞／hあたりに空気抵抗やレールと車輪の粘着などから速度の壁があると思われていたが、独仏が相次いでこの壁を突破したことで、日本も立ち上がったのだ。1987年の国鉄分割・民営化によって巨額の債務が解消し、

ＪＲ各社が健全な状況で発足したことも、記録挑戦への後押しになった。先陣を切ったのはＪＲ西日本で、１９９０年２月に１００系で２７７・２㎞／ｈをマークした。すると翌年２月にＪＲ東海が３００系で３２５・７㎞／ｈを出して対抗し、同年９月にはスピードアップを果たしたばかりの上越新幹線で、翌年開業の山形新幹線用「４００系」が３４５㎞／ｈを記録する。これは営業用電車による世界最高記録でもあった。

世界一周記録に挑んだコンコルド

１９９０年代に入っても、コンコルド定期便の統合化は進んでいた。ＢＡでは１９８４年に就航を開始したばかりのマイアミ行きを１９９１年に消滅させ、ワシントン便も3年後に廃止された。これでバルバドスへの季節運航便を除き、コンコルドの行き先はニューヨークに集約された。

一方でチャーター便には、従来以上に多彩なメニューが続々登場していた。その代表が１９９2年12月、エールフランスによって企画された世界一周ツアー、その名もコンコルド・スピリット・ツアーズである。ポルトガルの首都リスボンを出発し、サントドミンゴ、アカプルコ、ホノルル、グアム、バンコク、バーレーンと6都市の空港に立ち寄りながら、４万４５４㎞を32時間49分で飛行した。もちろんこの数字は、当時の旅客機による西回りの記録になった。さらに偏西颪が追い風になる東回りでは３年後の８月、４万６３０㎞とやや長い距離を飛行しながら、31時間27分とより短いタイムを記録している。このときのスタート地点はニューヨークで、トゥールーズ、ドバイ、バンコク、グアム、ホノルル、アカプルコに寄港した。東回りの数字は、従来の旅客機による世界一周記録を４時間40分以上も短縮していた。陸地上の飛行区間も多かったので、実力をフルに発揮したフライトとは言い難かったものの、コンコルドの特性を生かしたツアーだった。

これに対してＢＡのコンコルドは、定期航路であるロンドン〜ニューヨーク間の記録更新に挑んだ。こちらは偏西風を生かして速度が稼げるニューヨーク発ロンドン行きの便に限って行なわれた。それまでのコンコルドによる大西洋横断記録は、１９８８年にマークされた２時間55分だった。１９９０年４月のフライトでは、これを30秒だけ短縮する２時間54分30秒で飛んだ。さらに１９９６年２月には、２時間52分59秒という記録を樹立している。レスリー・スコット機長の操縦で達成したこの数字が、現時点でのニューヨーク〜ロンドン間における旅客機の最短タイムになっている。ちなみに平均速度は２０００㎞／h、つまりマッハ１・６だった。使用された機体は前年、23日間の世界一周飛行を敢行したばかりだったという。

速度記録以外の話題では、エールフランス機が１９９１年、翌年フランスのアルベールビルで

NASAの実験機として使われたツポレフTu-144LL（写真提供：NASA）

開催される冬季オリンピックのための聖火を、アテネからパリまで輸送するというニュースが残っている。

さらにエールフランスのコンコルドは、アメリカの清涼飲料ペプシコーラのプロモーション活動にも使われた。コーラの缶が青を基調にした新しいデザインに切り替わったことを宣伝すべく、1996年3月下旬から4月上旬にかけて、1機を同色に塗って飛行を行なったのである。

ここまでしてコンコルドが存続への努力を続けている中、世界各国の航空技術者たちは、引き続き次期SSTの開発を進めていた。

アメリカではNASAが1989年から、高速研究計画（HSRP）を立ち上げている。このプロジェクトにはボーイングが参加したのに続き、1993年にはロシアが合流することになる。その結果、なんと一度は退役したツポレフＴｕ‐１４４のうち１機が、実験機として再登板することになった。

この機体はソ連時代と区別するために、「Ｔｕ‐１４４ＬＬ」（ＬＬはフライング・ラボラトリーの意味）と名づけられた。エンジンを超音速爆撃機「Ｔｕ‐１６０」用に積み替え、操縦系統にはデジタル制御を大幅に導入していた。実験飛行は１９９６年に始まり、２年間で19度の飛行が実施された。しかしＨＳＲＰプログラムそのものが１９９９年をもって中止されたことで、Ｔｕ‐１４４ＬＬもお役御免となってしまった。

ヨーロッパでは１９９４年４月、アエロスパシアル、ＢＡｅ、ＤＡＳＡの３社が欧州超音速研究計画（ＥＳＲＰ）を立ち上げ、コンコルドの後継機を２０１０年に就航させると発表している。しかし、生産目標とする５００機に対し、需要が１００機ほどに留まる可能性が高いという悲観的な見方が中心になり、アメリカ同様、プロジェクトそのものが立ち消えになってしまった。

日本では１９９７年から、１９５５年に設立された文部科学省の航空宇宙技術研究所（ＮＡＬ）が中心となり、三菱重工業など主要航空機メーカーも加わって、「次世代超音速機技術の研究開発」がスタートしている。ボーイングやエアバスが支配する中・大型の亜音速機への日本の参入は困難であることから、事実上コンコルドしか実用例がなかったＳＳＴにおいて、持ち前の高度な科学技術を発揮しようと考えたのである。コンコルドで問題となった燃費の悪さやソニックブーム、騒音問題の解消も念頭に置かれており、最高速度はマッハ2・0のまま、経済性を高めるために300人乗りとし、航続距離は約2倍の1・1万km、騒音はボーイング747並みと考えられた。日本もまた、単独でSSTを開発しようとは考えていなかった。ヨーロッパが出した結論でも分かるように、単独開発は無謀だった。国内航空機産業の競争力を維持するために、下請けではなく、同じテーブルに着くことを目標として、プロジェクトをスタートさせたのだった。

ミニ新幹線と2階建て新幹線

新幹線はこれまで、標準軌別線方式を原則としてきた。1992年7月1日、その原則が破られる日がきた。わが国で初めて新幹線と在来線の直通（新在直通）を行なった、山形新幹線の開業である。わが国で初めてと書いたのは、TGVやICE、ペンドリーノはもともと新在直通をコンセプトとしていたからである。だが日本では前例がなかったことから、ミニ新幹線という言葉で呼ばれることになった。

新たに新幹線が走ることになった奥羽本線福島〜山形間は、板谷峠《いたや》の急勾配が存在していたためもあり、早くから電化されていた。当初は直流1500Vだったが、後に交流2万Vに変更されていた。複線化も進められたが、一部は単線のまま残っていた。山形新幹線では、この交流2

万Ｖをそのまま使い、単線区間や踏切を残したまま、軌間が広げられた、板谷峠にあるスイッチバック方式の駅は通常の方式に改められたが、33‰勾配は残された。信号装置もＡＴＣではなく、緊急停止のみを制御する自動列車停止装置ＡＴＳが引き継がれている。この環境で２４０㎞／ｈのスピードはさすがに難しく、線内の最高速度は１３０㎞／ｈに留まっていた。それでも従来の95㎞／ｈと比較すれば大幅な速度向上であり、新設された「つばさ」は東京～山形間を２時間27分で結んでいる。山形新幹線はその後１９９９年12月には、新庄まで延伸された。

車両はもちろん新設計された。４００系を名乗るこの車両は、当初は全電動車の６両編成で、その後付随車の追加で7両編成になった。在来線の規格に合わせ、全長20ｍ、全幅２．９ｍと従来の新幹線車両より小型だった。銀と黒のツートーンに緑の帯を配した塗装もいままでの車両と一線を画しており、登場当時は異彩を放っていた。交流２万５０００Ｖと２万Ｖの２種類の電圧に対応し、東北新幹線内では２４０㎞／ｈで疾走しつつ、山形新幹線では板谷峠の急勾配を駆け上がり、福島駅では２００系との連結・切り離し作業を行なうために自動連結装置を装備するなど、小さな車体に多くの機能を詰め込んでいた。

４００系がデビューした2年後の１９９４年7月には、今度は初のオール２階建て新幹線「Ｅ１系」が、同じＪＲ東日本から登場している。ＪＲでは１９８３年から新幹線定期券「ＦＲＥＸ

（フレックス）」を発売しており、この結果、通勤客が急増したことに対処する措置だった。この車両、当初は「６００系」という名称が与えられる予定だった。しかしＪＲ東日本では形式名の頭にＥを冠することを決めており、このまま６００系、７００系と続けていくと番号を使い果たしてしまうこともあって、Ｅ１系にしたというエピソードが残っている。よって１００系から８００系までである新幹線の形式名で、６００系だけが欠番となったのである。

Ｅ１系は12両編成で、６両が電動車だった。床下に機器を積めないため、車端の床上に搭載し、空調装置も屋根の両端に寄せて配置している。３００系に続いて交流誘導電動機、ＶＶＶＦインバーターを採用し、電動機出力は４１０kWと新幹線史上最強となった。外観からは想像しにくいが、他のＪＲ東日本新幹線車両同様２４０km／ｈでの営業運転を可能としていた。編成中３両の２階部分がグリーン車となるほかはすべて普通車で、自由席を想定した１〜４号車の２階については１列６人掛けとしていた。編成全体での乗車定員は１２３５名と、１両あたり１００名を超えていた。輸送力増強という新幹線のコンセプトにもっとも見合った車両といえるかもしれない。

ライバルのＴＧＶも２年後の１９９６年秋、２階建て車両「ＴＧＶデュプレックス」（「二重の」という意味）の運行を開始している。動力車方式の連接車である点は従来のＴＧＶと共通で、ホームが低いことを利用して、ドアは１階フロアとほぼ同じ高さに、１両につき片側１カ所だけに設け、ドアのないもう片方の車端部の貫通路は２階だけに設け、１階は行き止まりという、ヨーロッパ製らしい合理的な作りになっていた。軽量化と高剛性を両立するために車体をアルミ合金製とし、先頭車の形状を従来よりも空気抵抗の低い滑らかな形状としたことも既存のＴＧＶ車両と異なるところで、最高速度はＴＧＶ‐Ａと同じ３００㎞／ｈを維持していた。

スピードといえば、この時期にはＪＲ各社が製作した専用の速度試験車が、相次いで記録を出してもいる。まず１９９２年８月に、山陽新幹線でＪＲ西日本の「ＷＩＮ３５０」（５００系９００番代）が３５０・４㎞／ｈをマークすると、同年11月には上越新幹線で試験車「ＳＴＡＲ21」（９５２・９５３形）が３５８㎞／ｈを出した。さらにＳＴＡＲ21は翌年12月、同じ上越新幹線で数字を４２５㎞／ｈに伸ばしている。ＷＩＮ３５０はその名のとおり、３５０㎞／ｈ走行を目指して開発された車両だった。車体幅は３・４ｍのまま、高さを３・４ｍとＴＧＶと同等まで低くしていたことが特徴で、先頭車は２種類が作られていた。形式が示すとおり、後に登場する「５００系」のプロトタイプである。ＳＴＡＲ21は車両重量を２００系の半分とすることで、営業運転３００㎞／ｈの可能性を探った車両だった。先頭車両が２種類作られたうえに、ボギー台車と連接車の両方が製作され、車体高だけでなく幅も従来より小型化されていた。

３年後の１９９６年７月には、ＪＲ東海の「３００Ｘ」こと「９５５」が、東海道新幹線で４

車体断面を300系より小型にしたJR東海300X

43km/hを出している。こちらも先頭車は2種類で、車体傾斜装置、シングルアーム式パンタグラフを装備した車両も存在した。さらにJR東海は同年、鉄道総合技術研究所とともに山梨県に磁気浮上式リニアモーターカーの実験線も完成させると、翌1997年12月に有人走行で531km/hを記録。有人走行での世界記録をフランスから奪うことに成功した。

エアバスの伸張、ボーイングの秘策

1990年代に入ってからも、コンコルドと同じ年に初飛行を行なったボーイング747は順調に生産を続行していた。1993年9月にはなんと通算1000機目がエアラインに引き渡され、1998年夏には月間製造機数でこれまで最高の5機を記録していた。

そんなボーイング747に対し、欧州連合のエアバ

エアバスA340（写真提供：エールフランス航空）

スは、これまで直接の対決は避けてきた。しかしワイドボディ機の生産機数でボーイングを上回ったことで自信を深めたのか、Ａ３００の後継機と同時に、本気で７４７のライバルを投入することになる。Ａ３００の後継機は「Ａ３３０」、ボーイング７４７のライバルとして企画されたのは「Ａ３４０」で、１９９１年10月にまずＡ３４０、翌年11月にＡ３３０が初飛行を成功させ、初号機は１９９３年の１月と12月に引き渡された。なぜ２機を同時に紹介したかというと、双方ともに機体の設計をＡ３００と基本的に共通としており、翼についてはＡ３３０とＡ３４０で同一としていたからだ。最大の違いはＡ３３０がエンジン２基、Ａ３４０が４基という点で、これによって中距離用と長距離用を作り分けていた。ここにもヨーロッパ流合理主義を見ることができる。

開発当時、エアバスはアメリカのマクドネル・ダグラスとの共同開発を打診してもいる。アメリカにとって屈辱的な話であるが、交渉はある程度まで進展した。しかし最終的には破談になり、マクドネル・ダグラスは1996年、ボーイングへの吸収合併という道を選んだ。かつてはボーイングやダグラスに並ぶ勢力を誇っていたロッキードは、1970年に初飛行を行なった「L1011トライスター」の受注にまつわる汚職事件、通称ロッキード事件の影響を受けて旅客機の開発生産から撤退しており、ボーイングとダグラスの合併でアメリカの旅客機製造企業は1社になった。

エアラインの分野でも、かつては世界中の航空会社に対し強い影響力を持っていたパンアメリカン航空が1991年に倒産しているうえに、1997年には世界で最初の航空連合であるスターアライアンスが発足しており、アメリカ主導という構図は薄れつつあった。

これより前、ボーイングは1990年に、A330の対抗機「777」の開発開始を表明している。当初はエアバスを相手にしていなかったボーイングも、この時期には真剣にライバルとして認めざるを得なくなった。

1995年に運航を開始した777で特筆すべきは、ボーイングの旅客機で初のフライ・バイ・ワイヤ方式を導入したことである。しかもワイドボディの長距離用であるにもかかわらず、エンジンを2基として燃費のよさをアピールしていた。どちらもエアバスが先鞭をつけた手法である。エアバスがこれらの技術を採用したときは、信頼性に問題があると疑問を投げかけていたアメリカだったが、結局ヨーロッパの流れに乗ってきたのだった。

エアバスA330・A340は、好評をもって迎え入れられた。しかしA340がボーイング747より小型であるという不満も一部から出た。そこでエアバスではA340の胴体延長型を用意する一方で、747より大型の機体の導入を決意した。これが2005年に初飛行を行ない、2年後から営業運航を開始することになるオール2階建ての「A380」である。

ところでこの時期、攻勢を強めるエアバスに危機感を抱いたボーイングは、747に代わる新型機の構想を発表する傍らで、欧州連合の切り崩しを画策している。同社が狙いを定めたのはドイツのDASAだった。DASAはこれより前、第2次世界大戦で名を馳せた航空機製造会社メッサーシュミットを母体とするメッサーシュミット・ベルコウ・ブローム（MBB）を吸収合併しており、エアバスにおける発言権が強まっていた。しかしフランス側は、リーダーは自分たちであるという姿勢を崩さなかった。ボーイングがDASAに手を伸ばした理由はここにあった。1993年1月、ボーイングはエアバスとは異なるスーパージャンボの開発でDASAと合意したと発表した。フランス側は激怒し、すぐにこの交渉はエアバス全体とボーイングの交渉であると一方的に訂正するとともに、一部の会社だけを公表したという理由でボーイングを非難した。ボーイングは釈明し、この交渉はエアバス全体を相手にしたものであると訂正したが、もとよりボーイングとエアバスが共同開発するはずもなく、当然のごとく交渉はまもなく決裂している。結局ボーイングは747の改良型を、後継機として開発することになった。

ディアブロはバリューフォーマネーだった

ランボルギーニ・ディアブロが発表された前後には、チゼータやブガッティ以外にも、好景気を受けてスーパーカーが数多く登場した。なかでもジャガーは、「XJ220」と「XJR-15」の2台を相次いで登場させ、話題を集めた。

最初に姿を見せたのはXJ220で、1988年10月に開催されたバーミンガム・モーターショーで発表されている。フェラーリF40やポルシェ959を超えるスーパーカーを作りたいと考えたエンジニアたちが、就業時間外の自主開発で作り上げた車両で、当初は500psを発生する6ℓV型12気筒エンジンをミッドシップ搭載する4WDという構想だった。しかし3年後の5月に登場した市販型は、当時のレーシングマシン「XJR-10」に積まれているターボチャージャ1-2基装着の3・5ℓV型6気筒エンジンによる後輪駆動に変更された。とはいえ最高出力は542psにアップしており、最高速度は322km/hをマークすると発表された。

もう1台は「ジャガースポーツXJR-15」が正式名称で、ジャガーのレース活動を請け負っ

マクラーレンF1のレース仕様車

ていたＴＷＲ（トム・ウォーキンショー・レーシング）が開発し、１９９０年11月にデビューした。２年前のルマン24時間で優勝したレーシングマシン「ＸＪＲ－９」の市販型といえる仕立てで、運転席背後に積まれる同じ６ℓＶ12もＸＪＲ－９と基本的に同じだった。ただしパワーは４５０ps、トップスピードは２９７km／hと、本家のＸＪ２２０に配慮したのか、控えめな数字だった。

これとは対照的に、他を圧する性能を誇示していたのが、Ｆ１チームのマクラーレンが発表した初めての市販車、その名も「Ｆ１」である。デビューの場は１９９２年５月、モナコグランプリの予選日だった。ボディはＦ１テクノロジーを受け継いだカーボンファイバー製で、運転席が中央に位置した点もレーシングカーのＦ１と共通していた。その左右に助手席を配した3人乗りで、ドアはカブトムシの羽のように、外側に開きながら跳ね上がる構造だった。スポーツカーに不可欠とされたスポイラーの類を持たない点も特徴だった。その代わり、床下の後半部分にはウイング断面の整流板を装着し、ボディの下を流れる空気を利用して車体を路面に押し付けるという、レーシングカー譲りの設計を取り入れていた。床下の空気を吸い上げる電動ファンまで装備する念の入れようだった。運転席背後に縦置きされるエンジンはBMW製6・1ℓV型12気筒で、627psを発生していた。カーボンファイバー製ボディは重量が1187kgに抑えられており、空力性能にも優れていたため、メーカー発表の最高速度は実に370km/hを豪語していた。

フェラーリも黙ってはおらず、F40の後継車「F50」を、創立50周年の2年前にあたる1995年3月のジュネーブショーで登場させている。オープンとクーペが選べたボディはカーボンファイバー製モノコックを主体としており、エンジンはF1用V12の排気量を3・5ℓから4・7ℓに拡大して520psを得ていた。最高速度は325km/hと発表されていた。エンジンをモノコックと剛結させ、シャシーの一部としている点を含め、マクラーレンF1とは手法こそ異なるものの、レーシングテクノロジーがふんだんに投入されたスーパーカーという部分は共通していた。

その分価格も従来のスーパーカーとは一線を画しており、フェラーリF50は５０００万円、マクラーレンF1は1億円近い正札を掲げていた。対するディアブロは、２５８０万円にすぎなかった。もちろん絶対的には高価であるが、同等の性能を有するスーパーカーと比べると、群を抜いて安価な存在でもあったのである。

そのディアブロはこの間１９９３年、当初から発表されていた４ＷＤ版を「ディアブロＶＴ」の名前で追加している。トランスミッションが前方に突き出したカウンタック譲りのエンジン搭載方法は、シャフトを前に伸ばすことで簡単に４ＷＤ化が可能だった。そのメリットを生かした車種といえた。ランボルギーニ創立30周年を記念した「ディアブロＳＥ」（スペシャル・エディション）が１５０台限定生産車として発表されたのもこの年だった。パワーは５２５psにアップしており、ボディを１４５０kgまで軽量化したおかげもあり、トップスピードは３３７km／ｈに達していた。

翌年、またもランボルギーニの経営権が変わる。クライスラーに代わってその座に就いたのは、インドネシア財閥のセトコ・グループだった。しかし、アジア人の手に渡っても、ランボルギーニの闘争本能は変わらなかった。続く１９９５年、ＳＥの量産型たる「ディアブロＳＶ」（スポルト・ヴェローチェ）を送り出し、これをベースとした「ディアブロＳＶＲ」でレースを始めたことが、その姿勢を証明していた。もっとも、最高出力ではＳＥを５㎰上回る５３０㎰をマークしていたＳＶだが、車両重量は標準型よりやや軽い程度であり、デファレンシャルギアが加速重視の設定だったためもあって、最高速度は３２０㎞／ｈに留まっている。カウンタックに存在しなかったオープンモデルが、「ディアブロＶＴロードスター」として登場したのもこの年だ。ルーフを脱着式のカーボンファイバー製に変えたほか、リアクォーターウインドーがなく、エンジンフード形状が異なるなど、各部に独自のディテールを備えていた。

高速鉄道で復活した英仏連合

イギリスとフランスがコンコルドの共同開発に調印したのは、１９６２年のことだった。それから24年後の１９８６年1月、当時のイギリス首相マーガレット・サッチャーとフランス大統領フランソワ・ミッテランの間で、新たな合意が結ばれた。海底トンネルを使って英仏間を鉄道で結ぶという内容だった。合意が現実になったのは、８年後の１９９４年5月６日である。エリザベス女王とミッテラン大統領の列席の下、開通式が行なわれた。そして半年後の11月14日、「ユーロスター」と名づけられた高速列車が海峡の下をくぐり抜け、ロンドンとパリを3時間で結ぶことになった。英仏海峡をトンネルで結ぶという考えは、皇帝ナポレオンがフランスに君臨していた時代に、馬車鉄道を通すという計画ですでに存在していたという。それから実に2世紀近い歳月を経て、ようやく夢が現実になったのだった。

コンコルドでは英仏両国が均等に開発・生産を受け持ったが、ユーロスターの場合は「TGV‐TMST」という車両形式で分かるように、フランス側の主導で開発が進められた。当時イギリスには、200㎞／hで営業運転を行なう列車は存在していたが、300㎞／hで疾走するTGVを持つフランスの技術的優位は明らかだったのである。よって車両は両端に動力車を持つ方式になり、付随車9両編成2組を動力車で挟んだ20両編成で、電動台車は付随車の片側を含めた6台車だった。デザインはTGVに似ているものの、車幅はイギリスの規格に合わせて2・8mとやや狭くされ、白をベースに黄色の帯を巻いた独自の塗装になった。注目されるのは、TGV系では初めて交流誘導電動機が用いられた点だが、これはイギリス側の会社のモーターを使用したためだった。

ユーロスターは英仏間のほか、ロンドンとベルギーのブリュッセルも結んだ。よって車両はフランス・ベルギー高速新線の交流2万5000Vのほか、フランス在来線の直流1500V、ベルギー在来線の直流3000V、イギリス在来線の直流750Vに対応する4電源方式となった。このうち、ロンドン近郊の直流750V区間は架線ではなく、日本の一部の地下鉄と同じように、

2本のレールの外側に設置された第三軌条からの集電だった。そのため、ユーロスター車両はパンタグラフのほかに第三軌条用シュー（集電靴）も装備している。しかし、この低電圧の第三軌条に影響され、イギリス内の最高速度は160㎞／hと、大陸側の300㎞／hの約半分に抑えられていた。しかも当初の始発駅がウォータールー駅と、ナポレオンが戦いに敗れたベルギーのワルテルローを示す駅名だったことから、フランス側から不満が聞かれた。間もなくイギリス側の新線建設が始まったが、開業は2007年にずれ込んでいる。

2年後の1996年になると、今度はフランス〜ベルギー間を高速列車が走ることになった。こちらには「タリス」という名前が与えられた。当初の目的地はブリュッセルだったが、直後にオランダのアムステルダムにも運行するようになり、翌年にはドイツのケルンまで延長された。こちらの車両もフランス主導の設計で、TGV同様、両端を動力車とした10両編成だった。オランダの在来線はフランスと同じ直流1500Vだが、ベルギーとドイツは前述のように異なっているため、「タリスPBA」はフランス・ベルギー・オランダ各国に対応した3電源方式、「タリスPBKA」ではドイツを含めた4電源方式になっている。

フランス語に起源を持つTGVではなく、タリスやユーロスターという名称を使ったのは、ベルギーの国内事情が関係していた。北部がオランダ語系のフラマン語、南部がフランス語系のワ

300km/h運転を行なうETR500（撮影：結解　学）

ロン語を公用語としており、対立関係に陥った経緯もあるので、両者を公平に扱うことが求められているのだ。かつて英仏両国は、コンコルドの語尾にeを付けるか否かで意見が分かれたという経験を持つ。それが鉄道ではユーロスターという英語名で落ち着いた裏には、ベルギーの存在が貢献していたのである。

ともあれこれで、TGVに加えユーロスター、タリスの３列車が３００km／hでの営業運転を達成したことになる。しかし同時期、３００km／hでの運行を始めた車両がもうひとつ、ヨーロッパに存在した。１９９６年に営業運転を開始したイタリアの「ＥＴＲ５００」だ。

イタリアでは１９９５年にペンドリーノの新型「ＥＴＲ４６０」、翌年これをベースにドイツと同じ交流１万５０００Ｖ、16⅔Hz電化を採用するスイスへの乗り入れを考慮した「ＥＴＲ４７０」、１９９７年には新しい高速新線ＴＡＶの交流２万５０００V50Hzに対応した「ＥＴＲ４８０」が生まれている。３形式のデザインを担当したのは、１９７０年代のスーパーカー、マセラティ・ボーラやＢＭＷ・Ｍ１を手がけたジョルジェット・ジウジアーロだった。振り子装置を備えた電車方式を継承しつつ、交流モーター・ＶＶＶＦ制御やアルミ製車体を採用していた。もっとも、この３形式の最高速度は、ＥＴＲ４６０とＥＴＲ４８０が２５０km／h、ＥＴＲ４７０が２００km／hに抑えられていた。これに対してＥＴＲ５００は、ディレティッシマ専用車両として振り子機構は持たず、ＴＧＶやＩＣＥと同じ動力車方式とするなど、イタリアの伝統から脱却していた。こちらの造形はピニンファリーナが担当していた。最高速度はカウンタック、デザイナーはライバルのフェラーリと共通だったのである。

ドイツの買収攻勢を受け入れたランボルギーニ

創立50周年を記念した限定車Ｆ50を１９９５年に出したフェラーリだったが、ランボルギーニ・ディアブロの高性能に恐れをなしたのか、量産12気筒モデルについては直接の競合を避けるべく、軌道修正を図ってきた。Ｆ50の登場の傍らで、テスタロッサの流れを汲む既存の12気筒スーパーカーは、１９９４年にパワーを４４０ps、トップスピードを３１５km／hに引き上げた「Ｆ

512M」に進化していた。ところが、2年後に発表された新型「550マラネロ」は、なんと5・5ℓV12エンジンを運転席より前に積んでいた。1960年代以前の設計に戻ってしまったのだ。485psの最高出力、320km／hの最高速度も、ディアブロには及ばなかった。フェラーリにはほかに、308GTBを源流とするV8エンジンのミッドシップスポーツカーが存在していた。当時この系譜は3・5ℓの「F355」に進化しており、トップスピードは295km／hに達していた。そこでフェラーリはスーパーカーのキャラクターはV8モデルに任せ、12気筒はグランドツーリングカー的要素を持ったスポーツカーに転進させたのだった。

一方のランボルギーニにも変革が訪れていた。インドネシア企業による支配はわずか4年で終わり、1998年にはフォルクスワーゲン・グループの一員、アウディの傘下に収まることになったのである。当時のフォルクスワーゲンは、海外の名門ブランドの買収に熱心で、同じ年にベントレーとブガッティもグループ内に引き込んでいる。カウンタックから分かれた遺伝子のひとつブガッティが、一度破産しているとはいえ、同じドイツ企業の下で再会するとは運命のいたずらだろうか。しかしそれは、ランボルギーニにとっては喜ばしい出来事とは言い切れなかった。あとで詳しく書くが、常に最速を目指してきたこのブランドのアイデンティティを、脅かすことになったからである。

ランボルギーニ・ディアブロGTR
(写真提供:アウトモビリ ランボルギーニ)

当時のランボルギーニはディアブロSVを、カウンタック・アニバーサリーと同じように、最終型とする予定だった。しかし開発が相応のレベルまで進んでいた次期型は、アウディを満足させる内容ではなかった。そこでディアブロがもうしばらく現役を務めることになった。その結果1999年には、後輪駆動モデルがディアブロSVに一本化される。同時にボディはヘッドランプがカウンタック以来の伝統だったリトラクタブル式から、固定式に一新していた。スーパーカーの代名詞のひとつだったリトラクタブル式ヘッドランプは、衝突安全性能に支障があるということで、この時期を境に急速に姿を消していったのだった。なお、このヘッドランプはオリジナルパーツではなかった。なんと当時の日産「フェアレディZ」用だった。ディアブロにこのパーツを装着していた車両をランボルギーニ関係者が見て即決したといわれている。

さらにこの年には、レース活動での経験を盛り込んだ高性能版「ディアブロＧＴ」も登場している。Ｖ12エンジンは６ℓに拡大されており、５７５psを発生。ボディはドアとルーフ以外のパネルをすべてカーボンファイバーに置き換えることで、かつてのディアブロＳＥと同じ１４９０kgまでダイエットしていた。その結果、最高速度は３３８km／ｈと、ランボルギーニ史上最速を記録した。フロントフェンダーがワイドになり、カーボンファイバー製フロントスポイラーやリアウイングが装着された点もディアブロＧＴの特徴で、レーシングカーを思わせる精悍な雰囲気をかもし出していた。ディアブロＳＶに対するＳＶＲと同じように、同一車種で競走を行なうワンメイクレース仕様車「ディアブロＧＴＲ」も同時に登場していた。

　ところで同じ年、鉄道の分野でもドイツとイタリアのコラボレーションが生まれている。ドイツの高速鉄道車両「ＩＣＥ－Ｔ」だ。７両編成と5両編成があったが、どちらもアルミ車体で、新幹線と同じ動力分散方式を採用したうえに、フィアットが開発した振り子機構を組み込んでいたのである。ただし、このＩＣＥ－Ｔは高速新線用ではなく、カーブの多い在来線用であり、最高速度は２３０km／ｈに留まっていたので、既存のＩＣＥ車両とは性格が異なっていた。

スーパーカー的新幹線、500系

1997年3月22日は、新幹線にまつわる大きなニュースが3つも存在した日として、後世に語り継がれるかもしれない。まずJR東日本では、山形新幹線に続くミニ新幹線として、秋田新幹線が開業した。盛岡～大曲《おおまがり》間は田沢湖線を全線単線のまま標準軌化し、大曲駅では新幹線初のスイッチバックが生まれ、大曲～秋田間の奥羽本線は複線の片側のみ標準軌に変えることで大曲以南からの在来線の直通運転を残すなど、山形新幹線にはない話題を携えた路線だった。新設された「こまち」は、東京～秋田間を3時間49分で結ぶことになった。この所要時間は、秋田新幹線の最高速度が山形新幹線同様130㎞/hになったことに加え、東北新幹線宇都宮～盛岡間の最高速度が、従来の240㎞/hから275㎞/hに引き上げられたことも関係していた。東京～盛岡間は2時間11分に短縮されていたのだ。

車両は、秋田新幹線乗り入れ用「E3系」5両編成（翌年以降6両編成）と、盛岡以南で連結運転を行なう東北新幹線用「E2系」8両編成が同時に登場した。もちろんどちらも275㎞/h運転に対応しており、アルミ車体、300kWの交流誘導電動機、VVVFインバータを採用している。特筆すべきは、E3系のパンタグラフに新幹線初のシングルアームを採用していたことだ。E3系は400系同様、在来線規格で設計されたため車体断面が小さく、パンタグラフの空気抵抗が問題となった。そのためにTGVなどで使われていた機構を国内で初導入したのだった。

一方E2系は、50・60Hzの両周波数対応で、300系に続き回生ブレーキを装備していた。そもそもこの車両は、同年10月1日に開業した通称長野新幹線、つまり北陸新幹線高崎～長野間のために開発された車両だったからだ。日本の商用電源は、群馬県と長野県の境で周波数が異なる。そこで長野新幹線は、軽井沢駅西側に切り替え地点が設けられた。さらに高崎～軽井沢間では碓氷峠を越えるために、30‰の急勾配が約30km続く。こうした状況に対応した車両がE2系だったのである。なお長野新幹線の最高速度は260km/hと、東北新幹線より低く設定されていた。

スピードに関する話題を独占してしまったのが、同じ1997年3月22日にJR西日本が山陽新幹線新大阪～博多間に導入した「500系」だった。山陽新幹線が結ぶ大阪市と福岡市は、ともに都市の中心部に空港があるために、飛行機との競争が激しい。そのために投入されたのが500系だった。500系は、16両すべてが電動車で、モーターは275kW、編成全体では1万7600kWと、300系の1・5倍に達した。一方でアルミ製車体は編成全体で688tと、軽量化を徹底した300系よりさらに22t軽かった。空気抵抗を減らすべく、先頭部分は15mもの長さを持ち、車体断面は飛行機を思わせる円形とされた。2基のパンタグラフはT字型で、空気抵抗

国内初の300km/h運転を実現したJR西日本500系

を減らし、バネではなく圧縮空気で架線に押し付ける画期的な構造だった。また、高速走行時の安定性を確保すべく、先頭車とグリーン車、パンタグラフ付き車両には、振動に応じてダンパーの減衰力を変えるセミアクティブサスペンション※14が導入された。デザインが新幹線では初めて日本人ではなく、ドイツのアレクサンダー・ノイマイスターの手で行なわれた点も異例だった。

こうした内容を持つ500系は、日本の鉄道で初めて300㎞／hでの営業運転を実現し、新大阪～博多間を2時間17分で結んだ。さらに同年11月からは東京～博多間にも投入され、東海道新幹線内では最高速度が270㎞／hに制限されていたにもかかわらず、4時間49分と5時間を切っている。性能至上主義で開発されたという点で、500系は数ある新幹線車両の中で、もっともコンコルドやカウンタックに近い存在といえた。

さらに同年12月には、JR東日本が2代目2階建て車両「E4系」を登場させている。需要に合わせてフレキシブルな運用を行なう観点から、電動車4両の8両編成になったほか、アルミ車体、交流誘導電動機、VVVF制御など今日的な要素を盛り込んだ点がE1系との違いだった。ただしモーター出力は420kWに高められていたものの、最高速度は240km／hにとどまっていた。

一方、2年後の1999年3月に、JR東海と西日本の共同開発で世に送り出された「700系」は、これまで上昇の一途をたどっていた性能を必要十分に抑え、快適性にも配慮した次世代的設計が特徴だった。外観でもっとも目につくのはカモノハシを思わせるデザインだった。この形状のおかげで先頭部長さを9・2mに抑え、500系で不評だった円形断面を箱型に戻すことに成功していた。ジャパンオリジナルの流線型だった。E3系に続きシングルアーム式パンタグラフを採用したこともニュースだった。モーター出力は500系と同じ275kWであるが、先頭車とグリーン車にはモーターを搭載せず、電動車は12両となった。そのため、最高速度は東海道新幹線で270km／h、山陽新幹線でも285km／hにとどまっていた。

この700系を含めると、1990年代に登場した新幹線車両は実に8形式に上る。しかし、すべてが最高速度の更新を目指していたわけではなかった。２階建てやミニ新幹線など、多様化が進んだ時代だった。カウンタックはディアブロにモデルチェンジしたが、速さにおいてはその上をいくスーパーカーがいくつか登場していた。コンコルドは定期運航をニューヨーク便に絞る代わり、世界一周をはじめとするチャーター便を次々に運航することで、唯一のＳＳＴとしての存在価値をアピールしていた。

一連の動向からわかるのは、新幹線、コンコルド、カウンタックという3つの乗り物が、「最速のブランド」として認められつつあったことだ。もちろん新幹線５００系のように、純粋に世界最速に肩を並べるべく開発されたものも存在したが、たとえ超高速を狙わなくても、この三者の系譜には「速さ」が根付いていたのだ。成長期から安定期に入ったといえるかもしれない。

※14ダンパー　道路や線路からの衝撃をスプリングが柔らげたあと、その後の上下の揺れを抑える部品。筒型、レバー型などさまざまな形式がある。ショックアブソーバーともいう。

第7章

グローバル化が進む超高速の世界
2000年代

パリの空に散ったコンコルド

コンコルドの自慢のひとつに安全性があった。1976年に初就航してから20年以上、死亡事故ゼロを続けていたからだ。その点では新幹線に匹敵する存在だった。しかし2000年7月25日、この記録に終止符が打たれてしまった。16時44分、ドイツの旅行会社ペーター・ダイルマン・クルーズがチャーターしたエールフランス4590便が、パリのシャルル・ドゴール空港を離陸直後に近隣のホテルに墜落し、乗客乗員109人とホテルのレストランにいた4人が死亡するという事故が発生してしまったのだ。現地ではただちに徹底的な原因調査が行なわれ、2002年1月に事故調査委員会による報告が行なわれた。離陸直前に左側のタイヤが滑走路に落ちていた金属片を踏み、引き裂かれたタイヤが跳ね上がって主翼内の燃料タンクを破損し、漏れた燃料に引火した。機体はそのまま離陸したものの、まもなく左側の第2、第1エンジンに異常が発生し、その状態で約1分間滑空した後、姿勢が急激に変わって第3、第4エンジンの推力が低下し、墜落したというものだった。

エールフランスは事故の直後から、BAは8月から、コンコルドの運航を停止せざるを得なかった。しかも翌年9月11日に勃発したアメリカ同時多発テロ事件を契機に、航空機の利用に対する不安が高まり、需要は大幅に減少していた。コンコルドの命脈はここで尽きるかと思われた。

しかし、BAとエールフランスは諦めなかった。タイヤをはじめ各部に設計変更を施したうえで、試験飛行を何度も重ねた。その想いに応えるように、英仏両航空局は型式証明を再交付し、2001年10月29日にまずエールフランス、続いて11月7日にはBAが、それぞれニューヨーク便の運航を復活した。12月1日にはBAのバルバドス便も再開された。翌2002年6月4日には、BAがエリザベス女王の戴冠50周年を記念して空軍機とともにコンコルドを飛ばしている。しかしこれがコンコルドにとっての最後の晴れ舞台だった。

2003年4月、BAとエールフランスは、コンコルドの営業運航を停止すると発表した。同時多発テロ以降、乗客が減少したことに加え、事故によって信頼性が失われたことが主因といわれた。そして、まず5月31日にエールフランス、10月24日にBAが、ともに最後のニューヨーク便を飛ばし、退役したのである。総飛行時間は、BAが14万9000時間、エールフランスが9万時間で、プロトタイプでの5000時間を加えると、合わせて24万4000時間を飛んだことになる。BAがコンコルドで運んだ乗客は250万人に達したという。エールフランスのコンコルドは100カ国以上276空港に着陸し、離着陸回数は約2万回を数えたという記録も残っている。設計当初、コンコルドは8500回の飛行が可能であり、2007年までは使用可能とさ

ルブルージェ航空宇宙博物館に展示されているコンコルドの量産13号機

れていた。点検整備と部品供給はエアバスが引き継いで行なっており、問題はなかった。予定より早い引退であることは間違いなかった。

役目を終えたコンコルドたちは、最後の任務へ就くべく、ロンドンとパリを飛び立った。目的地は、世界各国の博物館だった。事故で失われた量産3号機を除く15機に、試作機・量産先行機各2機ずつを含めた合計19機のうち、エールフランスの1機を除く18機が展示保存されることになった。航空機の保存率としては異例の多さだった。就航前には燃費や騒音、ソニックブームなどが問題視され、わずか16機の製造にとどまったコンコルドだったが、最後の最後で根強い人気を証明したのだった。各機体の保存・展示場所は左に記したとおりである。

試作1号機（001）：仏ルブルージェ航空宇宙博物館

試作2号機（002）：英ヨービルトン艦隊航空隊博物館
量産先行1号機（101）：英ダックスフォード帝国戦争博物館
量産先行2号機（102）：仏パリ・オルリー空港
量産1号機（201）：仏トゥールーズ・ブラニャック空港
量産2号機（202）：英ウェイブリッジ・ブルックランズ博物館
量産3号機（203）：＊事故により消失
量産4号機（204）：英マンチェスター空港
量産5号機（205）：米ワシントン・スミソニアン国立航空宇宙博物館
量産6号機（206）：英イーストフォーチュン空軍基地
量産7号機（207）：独シンシェイム自動車技術博物館
量産8号機（208）：英ロンドン・ヒースロー空港
量産9号機（209）：仏トゥールーズ・ブラニャック空港
量産10号機（210）：米ニューヨーク・イントレピッド海上航空宇宙博物館
量産11号機（211）：＊仏ルブルージェ航空宇宙博物館で保管
量産12号機（212）：バルバドス・グラントレー・アダムス空港

量産13号機（２１３）：仏ルブルージェ航空宇宙博物館
量産14号機（２１４）：米シアトル航空博物館
量産15号機（２１５）：仏パリ・シャルル・ドゴール空港
量産16号機（２１６）：英ブリストル・フィルトン空港

なお、事故調査委員会は２００４年、滑走路に落ちていた金属片は、直前に離陸したコンチネンタル航空の機体から落下したことを突き止めた。これにより、検察当局は事故機のコンコルドの技術者、コンコルドに型式証明を発行した担当者に加え、コンチネンタル航空の技術者を起訴しており、２０１０年2月に裁判を開始。同年12月に、コンチネンタル航空に対する罰金とエールフランスへの賠償金合わせて１２０万ユーロ（約1億３０００万円）の支払い、同航空整備士に執行猶予付き禁固15カ月という判決が下された。

新幹線に近づくICE

ドイツの高速鉄道ＩＣＥは、新幹線とＴＧＶの特徴を兼ね備える内容で生まれたが、２０００年を迎えるとともに登場した新型車両「ＩＣＥ３」は、新幹線に近づいた。フィアットの振り子

動力分散方式を採用したICE3（撮影：結解　学）

技術を導入したICE－Tに続いて、動力分散型の電車方式を採用していたからだ。しかもデザインは500系と同じアレクサンダー・ノイマイスターが担当していた。ICE3は、ケルン～フランクフルト間の高速新線を走行するために開発された。この区間には40‰という、高速鉄道としては世界最大レベルの急勾配が存在していた。この勾配を含めて300km／h走行を実現するために、編成あたりの最高出力を稼ぐのに有利な動力分散方式に移行したのだ。さらにICE3では、フランスなど国外の高速鉄道への乗り入れも画策していた。しかしドイツの軸重が20tなのに対し、フランスは日本と同じ17tであり、従来の車両では軌道を破損してしまう。軸重を軽く抑えるために、動力分散方式を選択したという側面もあった。

ICE車両では初めて、交直流両用型が用意されたこともICE3の特徴である。これまでICEは、交流1万5000V、16 2/3 Hz専用電車として製作されてきた。しかしフランスとオランダの在来線は直流1500V、ベルギー在来線は直流3000V、フランスとベルギーの高速新線は交流2万5000V・50Hzと異なる電化方式を採用しているため、タリス同様、これらの線区でも運転できる4電源型が作られたのである。交流専用、交直流両用ともに8両編成で、うち4両が電動車。片側が先頭車となる2両の電動車で変圧器を搭載した付随車を挟み、この3両1ユニットの間に2両の付随車を挟む方式だった。パンタグラフは、交流型では変圧器を積んだ付随車に各1基、合計2基用いていたが、4電源型では交流16 2/3 Hz用、交流2万5000V・50Hz用、直流1500/3000V用それぞれ独自の集電装置を使う関係で、6両の中間車両すべてにパンタグラフを搭載していた。

2001年には、ディーゼルエンジンを動力とする高速車両「ICE-TD」が登場している。ICE-T同様、在来線のスピードアップのために用意された車両で、フィアット設計ではなく、自国のシーメンスが開発した振り子装置を導入した4両編成だった。第1章でも書いたように、ドイツは第2次世界大戦前、高速ディーゼルカー「フリーゲンダー・ハンブルガー（空飛ぶハンブルグ人）」を運行していた。エンジンで発電した電気で走行する電気式ディーゼルカーで、最高速度160km/hを出すなど、内燃機関を用いた高速車両に豊富な経験を持っていた。もちろん、

ＩＣＥ－ＴＤの性能はこれを上回り、２００㎞／ｈの最高速度をアピールしていた。振り子装置に故障が相次ぎ、２年後に一度使用停止となってしまうなど、当初は不運な運命に苛まれたが、２００７年よりデンマーク乗り入れ列車として復活している。

一方、日本では２００２年12月１日、東北新幹線盛岡～八戸間が営業運転を開始し、新たに登場した「はやて」が２時間56分で東京～八戸間を結んだ。このとき投入されたのがＥ２系１０００番代で、50Hz専用とされたほか、シングルアーム式パンタグラフを採用し、パンタグラフ台の支持には新開発の低騒音型碍子《がいし》を装備することで、カバーを撤去することに成功していた。先頭車とグリーン車に、走行状況に合わせてバネの硬さを電子制御することで揺れを抑えるアクティブサスペンションが導入され、それ以外の車両にはセミアクティブサスペンションが使われたことも特筆すべき点だった。量産鉄道車両へのアクティブサスペンション採用は世界初だった。ただし最高速度は、盛岡以南が２７５㎞／ｈだったのに対し、新設区間は長野新幹線と同じ２６０㎞／ｈとされていた。列車本数が少ないことから、架線などに建設コストを下げるための構造を採用したためだった。ちなみに、アクティブとセミアクティブサスペンションの組み合わせは、その後生産されたＥ３系にも継承されている。Ｅ３系は１９９９年の山形新幹線新庄延伸時に１０００番代、２００８年に４００系置き換え用として２０００番代が登場した。このうち２００

0番代が先頭車両にアクティブ、中間車両にセミアクティブサスペンションを導入したのである。

続いて2004年3月には、JR九州初の新幹線である九州新幹線のうち、新八代〜鹿児島中央間が部分開業し、34分で両駅を結んだ。この区間は当初、新幹線規格の路盤に狭軌の線路を敷き、在来線に直通する高速列車を走らせる「スーパー特急」方式で建設が予定されたものが、フル規格に格上げされた路線だった。そのうち鹿児島中央駅近くには、ミニ新幹線を除けば長野新幹線の30‰が最大だった勾配を超える35‰が存在している。同駅周辺に高い山や険しい峠がないのに、碓氷峠を越える長野新幹線を上回る急勾配が存在するのは、シラス台地の名で知られる火山灰主体の地層ゆえだ。地盤がもろく、湧水が多いために、トンネルは地盤の固い場所を選んで掘り、その間を勾配でつないだのである。

両方のレールの間に四角い穴を連続して開けた枠型スラブが多数使われたことも目を引いた。枠型スラブは以前からトンネル内などで使われていたが、通常のスラブに比べ製造コストを抑えられる利点もあり、まず東北新幹線盛岡〜八戸間で全面的に使用されたあと、九州新幹線に本格投入されたのだった。しかし、枠内に砂や水がたまりやすいことから、桜島の火山灰に悩まされる鹿児島中央駅周辺の約2㎞だけは、通常のスラブ軌道になっている。

車両は、新型の「800系」6両編成が投入された。全電動車で、メカニズムは700系を受け継ぐが、最高速度は260㎞／hに抑える代わり、全車両にセミアクティブサスペンションを採用した。デザインは他のJR九州の車両同様、インダストリアル・デザイナーの水戸岡鋭治《みとおかえいじ》が担当している。絶対的な速度よりも移動の快適性に重点を置いた車両作りがなされた点で、従来の新幹線車両と一線を画していた。

新型ランボルギーニに立ちはだかった強敵

2000年を迎えても、ディアブロに代わるランボルギーニの新型車は姿を現さなかった。アウディが〝猛牛〟を手なずけるには、いましばらくの時間を必要とした。その間を埋めるべく、この年登場したのが「ディアブロ6・0」だった。名前で分かるとおり、V型12気筒エンジンは前年登場したディアブロGTと同じ6ℓまで拡大され、最高出力は550psを発生していた。ボディも、ヘッドランプを固定式に変え、フロントフェンダーの幅が広がり、ドアとルーフ以外の外板がカーボンファイバー製になるなど、GTに近い内容が与えられていた。4WDのディアブロでは最速の330㎞／hをマークするとされたこの6・0は、翌年、内装を豪華に仕立てた「ディアブロ6・0SE」に進化している。

そして、同じ年の9月に開催されたフランクフルトショーで、ようやく後継車が発表された。

ランボルギーニ・ムルシエラゴ
（写真提供：アウトモビリ ランボルギーニ）

その名は「ムルシエラゴ」だった。この新型車はディアブロに続き、カウンタック以来の基本構造を継承していた。シャシーは鋼管を溶接して組み上げたフレームを基本としており、運転席の背後に縦置きされるエンジンはV型12気筒で、トランスミッションはその前方に位置していた。１９８０年代からクワトロと呼ばれる4輪駆動を展開してきたアウディらしく、駆動方式は４ＷＤだけとなり、伝統的な後輪駆動は消滅した。しかしそれ以外は、ことごとくカウンタック以来のフォーマットに則っていた。

ホイールベースは15㎜だけ長い２６６５㎜に延長され、ボディサイズは全長４５８０㎜、全幅２０４５㎜、全高１１３５㎜と、3方向ともにやや大型化されていた。ただし切れ味鋭い刃物を思わせるウェッジシェイプと、やはりナイフのように上に跳ね上がるドアは、カウンタックやディアブロでおなじみの造形だった。エンジンルーム左右に盛り上がるダクトが、かつてのヘッドランプのようにリトラクタブルするなど、全体的にスムーズな造形になっていたものの、新時代のランボルギーニを構築するより、カウンタック直系の新型車であることをアピールしたい気持ちが前面に表れた造形といえた。

とはいえスーパーカーの雄らしく、性能向上は抜かりなく実施されていた。ディアブロの最終型で6ℓまで達していたV12エンジンは、さらに6・2ℓまで拡大され、最高出力は550psから580psにアップしていた。ただし、大型化した車体は1650kgと相応に重くなっていたので、公表された最高速度は330km/h以上と、ディアブロ6・0とほぼ同じだった。

しかも翌年以降、他社から相次いで投入されたスーパーカー群の前に、さすがのランボルギーニも埋没しがちだった。1980年代のポルシェ959とフェラーリF40の一騎打ち、90年代のブガッティEB110やマクラーレンF1の登場と似た状況が、みたび展開されたからである。

きっかけはフェラーリだった。2002年3月に550マラネロをモデルチェンジして「575Mマラネロ」に進化させたのに続き、10月にはF40やF50の後継車を登場させたのである。創立55年を記念したこの車種には、なんと創業者の名前「エンツォ」が与えられ、自動車業界は騒然となった。

中身はその名に負けないものだった。V型12気筒エンジンはF50の4・7ℓから一挙に6ℓまで拡大され、660psをマークした。ボディやシャシーはすべてカーボンファイバー製で、重量を1255kgに抑えていた。その結果、350km/hというトップスピードをものにしていたのだ。かつてのマクラーレンF1同様、カブトムシの羽のように開くドアを備えたボディが、ピニンファリーナに在籍していた日本人、奥山清行の手でデザインされたことも話題を呼んだ。

翌年3月、ポルシェが続く。「カレラGT」を名乗るその新型は、開発中のレーシングカーを市販車に転用したという成り立ちを立証するように、カーボンファイバー製シャシーのミッドシップに5・7ℓV型10気筒エンジンを搭載するという、従来のポルシェとは異なる機械的特徴を備えていた。ただし、パワーは612psと、エンツォとムルシエラゴの中間であり、メーカー発表のトップスピードは330km/h以上と、ムルシエラゴと同等だった。

あのメルセデス・ベンツも戦いに参入した。同年9月のフランクフルトショーで、「SLRマクラーレン」を登場させたのである。1992年に初の市販車F1を発表したマクラーレンは、レースのF1では3年後からメルセデスのエンジンを積んで走るようになった。その結果生まれたのがこのスーパーカーで、SLRの3文字は1950年代に活躍したレーシングカー、300SLRに由来していた。メルセデスの高性能車部門AMGが開発したエンジンは、ミッドシップではなくフロントに積まれ、5・5ℓV型8気筒にスーパーチャージャーを装着することで626psを記録していた。車両重量は1768kgに達したが、最高速度はポルシェを上回る334km／hだった。

もっとも冷静に比較すれば、ムルシエラゴの性能はエンツォには及ばないものの、カレラGTやSLRマクラーレンには匹敵しており、価格はそれらよりはるかに安かった。ディアブロ同様、適正価格のスーパーカーだったのである。

コンコルドに続き0系も引退へ

東海道新幹線の主役が「ひかり」から「のぞみ」に移行したのはいつか。それは2003年10月の品川駅開業時である。このとき初めて「のぞみ」と「ひかり」の1時間あたり運転本数が7対2と逆転した。

理由は0系に続いて100系が、東海道新幹線から引退したためだった。最高速度220km／hの100系が姿を消したことで、全列車270km／h運転が可能になった。これが「のぞみ」増発につながったのである。100系は山陽新幹線のみでの運用となり、各駅停車の「こだま」で使われることになった。それは従来、「こだま」運用で余生を送っていた0系の活躍の場が失わ

開業前の東京駅新幹線ホームに入線した0系

れることを意味した。２００８年11月30日。この日をもって、新幹線開業以来走り続けてきた０系の定期運用は消滅した。コンコルドの営業運航終了から5年。元祖新幹線車両が44年の任務に終止符を打った瞬間だった。

０系の引退は、前年7月に東海道・山陽新幹線に投入された新型車両「Ｎ７００系」によるところも大きい。この新型の登場で、１００系はおろか５００系までが、山陽新幹線の「こだま」に転属を余儀なくされたのだから。

Ｎ７００系には、そうさせるだけの実力があった。全車にセミアクティブサスペンションを装備したほか、カーブで車体を最内側に傾け、安定性を確保する車体傾斜装置を営業車両で初採用し、高速走行時の安定性も向上していた。先頭車以外の全車両を電

東京～新大阪間を最速2時間25分で結ぶN700系

動車とし、電動機出力は２７５kWから３０５kWに上げていたことも７００系とは異なっており、編成トータルでの出力は１万７０８０kWと、５００系に迫る高性能をマークしていた。空気抵抗を低減すべく、先頭部分が９・２ｍから10・７ｍに伸びていたことも目を引いた。この結果、５００系や７００系では２５０km／ｈに減速していた半径２５００ｍのカーブで２７０km／ｈ運転が可能となり、山陽新幹線では３００km／ｈ運転を実現。東京～新大阪間の所要時間を２時間25分に縮めたのである。

しかし、スピードに関していえば、ひと月前に開業したフランスのＬＧＶ東線（ＬＧＶエスト）が上だった。設計時の最高速度３５０km／ｈこそ実現できなかったものの、３２０km／ｈでの運転を開始しており、営業列車による世界記録を更新したからだ。

LGV東線は、パリからフランス東北部の中心都市ストラスブールを経由して、ドイツのフランクフルトやミュンヘンなどに向かう国際路線で、これを機にTGVとICEの相互乗り入れが始まっている。スピードアップに際しては、最大勾配が25‰に緩和されるなどの措置が取られていた。

車両は、タリスとほぼ同じ内容を持ち、ユーロスター開業時にベルギー直通用として登場した「TGV－R」(レゾ＝ネットワーク)に加え、新型車両「TGV－POS」が投入された。POSとはドイツ語のパリ・東フランス・南ドイツの頭文字を取ったもので、動力車はユーロスターに続いて交流誘導電動機を採用するとともに出力向上を図り、直流1500V、交流2万5000V・50Hzに加え、ドイツやスイスの交流16 2/3Hzにも対応する3電源型としている。中間車両は、TGV－Rから捻出されたものをベースに、内装をファッションデザイナー、クリスチャン・ラクロワの手でアップデートしたものだった。ちなみに中間車両を提供したTGV－Rには、輸送力増強のため2階建て車両が新製され、TGVデュプレックスに編入されている。ただし、TGV－Rは、フランクフルト〜ケルン間の40‰勾配で160km／hが限界であることから、ドイツへの乗り入れはTGV－POSに限定されている。ドイツ側からの乗り入れ車両はもちろんICE3で、フランス内ではTGV同様320km／h運転を行なっている。

このほかICEはスイスやオーストリア、TGVはスイスのほかイタリアにも乗り入れている。

スペインにも「AVE」という高速鉄道があり、フランスやドイツの技術援助を受けて1992年に最初の路線が開通し、2008年から300km／h運転を開始した。スペインは軌間1668mmの広軌だったが、AVEはフランス乗り入れを前提として1435mmの標準軌で建設している。フランスやドイツが中心となってヨーロッパ全土に高速鉄道を普及させようという構図は、飛行機の世界におけるエアバスに通じるものがある。

なおこの時期は、試験車両による速度記録競争でも更新が行なわれている。まず2003年12月、JR東海と鉄道総合技術研究所が開発を進める磁気浮上式リニアモーターカーが、山梨県の実験線で581km／hを達成すると、フランスは2007年4月、TGV・POSの動力車にデュプレックスの中間車3両を挟んだ速度試験車「V150」（秒速150mの意味）を用い、開業直前のLGV東線で574・8km／hをマークしている。

ブガッティとアウディの狭間で

ムルシエラゴが発表された2年後、ランボルギーニは創立40周年を迎える。よって25周年記念のカウンタック・アニバーサリーや30周年のディアブロSEと同じように、「40thアニバーサリー」という記念車が作られた。さらにこの年はレーシング仕様の「R‐GT」や、オープンモデルの

「バルケッタ」のコンセプトカーも発表された。このうちバルケッタ・コンセプトは、翌年「ムルシエラゴ・ロードスター」の名前で発売されている。電子制御のクラッチレスMT、eギアが選べるようになったのも、この年である。ただしこの時期、ランボルギーニにはムルシエラゴ・ロードスター以上に重要な車種があった。V12エンジン以外を積むひさびさの車種、「ガヤルド」が1993年3月のジュネーブショーで姿を現したからである。

ランボルギーニは1970年、ポルシェ911に対抗するために、V型8気筒エンジンをミッドシップ搭載したウラッコを送り出していた。このウラッコに端を発するV8エンジン車は、クライスラー傘下に収まった1988年に生産を終えていた。その系譜が15年ぶりに復活したのである。ただし、構造はムルシエラゴとは大きく異なっていた。ボディとシャシーはアウディが得意とするアルミ製となり、ドアは通常の横開きになった。新開発の5ℓV型10気筒エンジンは、これもアウディがお家芸としてきた5気筒を2組結合させたような成り立ちだった。とはいえ性能的には一級で、最高出力は500psに留まっていたものの、全長4300㎜、全幅1900㎜、全高1165㎜の車体は1430kgとムルシエラゴより200kg以上軽かったので、最高速度は315㎞/hに達した。

3年後の2006年10月、そんなガヤルドの立ち位置をより明確にする発表があった。アウデ

ブガッティ・ヴェイロン16.4

ィから同じアルミ製シャシーを持つミッドシップスポーツカー「R8」が登場したのである。当初は4・2ℓV8を搭載していたが、その後ガヤルドと基本を同じくする5・2ℓV10搭載車も追加された。つまりアウディは、V10モデルについてはR8との共同開発とし、基本設計が共通の車両を自分たちのブランドでも販売することでコストダウンを図ったのである。ランボルギーニは身内に強力なライバルを抱えることになった。

それだけではない。ムルシエラゴの上に位置するモデルも身内から登場した。ランボルギーニがアウディ傘下に入った1998年、フォルクスワーゲン（VW）グループ入りしたブガッティが、初の市販車「ヴェイロン16・4」を1995年10月の東京モーターショーで発表したからだ。そのエンジンは、圧倒的という言葉がふさわしかった。VWが得意とする狭角V型エンジンを2組結合させたW型で、シリンダー数は16、排気量は8ℓだった。これにターボチャージャーを4基も装着することで得られたパワーは、一挙に大台を超えて1001psをマークしていたのだ。トランスミッションは7速DSG、つまり、近年では「ゴルフ」などにも積まれているデュアルクラッチMTである。このトランスミッションをエンジンの前に置いて4輪を駆動する構造は、同じブガッティのEB110やムルシエラゴに似ていた。

ムルシエラゴとは対照的に、優雅な曲線で描かれたボディはカーボンファイバーとアルミの混成で、8ℓエンジンを搭載するだけあり1888kgと、スポーツカーとしては重量級だった。しかし1001psの前にはさしたる問題にはならず、トップスピードは409km/hと、400km/hを超えた初の市販車になった。世界最速の座はヴェイロンのものになったのだ。その分価格も最上級で、日本では1億6300万円もの正札を掲げていた。ムルシエラゴのそれが2550万円だったから、6倍である。なにもかもがスーパーなスーパーカーだった。

ランボルギーニがこの上をいくことは、立場上許されなかった。VWグループ内の順列では、最上級がブガッティ、次がベントレーで、ランボルギーニはベントレーとアウディの間と位置づけられていたからだ。ところが多くの自動車好きは、異なる考え方を持っていた。急速に深刻化する地球環境問題を前にしたとき、ヴェイロンの性能や価格は過剰にすぎると思いはじめていたのだ。フェラーリをはじめとする多くのライバルも、４００km／h台での競争には参加しなかった。ヴェイロンは良くも悪くも、コンコルドのような存在になりつつあった。

日本が誇るもうひとつの「はやぶさ」

２０１０年末現在、新幹線の運転速度は、山陽新幹線の３００km／hが最高となっている。フランスＬＧＶを走るＴＧＶとドイツＩＣＥの３２０km／hに比べると、見劣りすると思う人もいるだろう。しかし日本はもちろんスピードへの挑戦を諦めたわけではない。引き続き研究開発を行なっている。

たとえばＪＲ東日本は２０００年11月、中期経営構想「ニューフロンティア21」で、世界一の鉄道システムの構築を示している。これに基づき2年後の4月には「新幹線高速化推進プロジェクト」を発足させた。そこでは３６０km／h営業運転が目標に掲げられていた。

これに基づき、まずＥ2系１０００番代の改造車で３６０km／hを達成すると、２００５年には試験車「ファステック（ＦＡＳＴＥＣＨ）３６０Ｓ」こと「Ｅ９５４」8両編成、翌年にはミニ新幹線用「ファステック３６０Ｚ」こと「Ｅ９５５」6両編成が相次いで誕生している。ファステック360S／Zはカーブで車体を最大2度まで内側に傾け、安定性を確保する車体傾斜装置を導入した。現在、ハイブリッドカーや電気自動車で一般的になりつつある永久磁石同期電動機を、一部の電動車に用いたことでも注目された。外観では車体の肩部分から猫の耳のような形状で飛び出す空力ブレーキが話題を呼んだ。

2種類のファステックは、営業用車両のプロトタイプでもあった。まず2009年6月に、E954の経験を生かした「E5系」の先行試作車が発表されると、翌年7月にはE955をベースとした「E6系」の量産先行車が公開されている。E5系は10両編成で、8両が電動車である。塗装はE954に近いグリーンとホワイトのツートーンがベースで、境目にピンクの帯を巻くことになった。永久磁石同期電動機の採用はならなかったが、全車にアクティブサスペンションと車体傾斜機構を装備しており、2基あるパンタグラフは走行中は1基しか使わず、連結部は車体面と連続した幌を全周に備え、床下機器や台車にはカバーを付けるなど、現代の新幹線らしく騒音対策にも留意した。

E5系は2011年3月5日から東北新幹線東京～仙台・新青森間の「はやぶさ」で営業運転を開始。大宮～宇都宮間は275㎞／h、宇都宮～盛岡間は300㎞／hにスピードアップし、東京～新青森間を3時間10分で結んだ。半世紀近く前には東京～新大阪間515・4㎞に3時間

E2系（左）と並んだJR東日本E5系の量産車

10分を要していた新幹線が、同じ所要時間で７１３・７㎞を走破してしまうのだから、技術の進歩に改めて驚かされる。

続いて２０１２年度末には、Ｅ６系が営業運転を開始する予定だ。先頭部がＥ３系の約６ｍから約13ｍへと伸ばされたことによる定員減に対処して、６両から７両編成に変わっており、塗装は上半分が茜色、下半分が白、境を走る帯が銀色となる。特筆すべきは、デザインの監修にフェラーリ・エンツォを手がけた奥山清行が起用されたことだろう。高速鉄道とスーパーカーの両方を担当したという点では、ジウジアーロやピニンファリーナに並ぶ存在になるからだ。

Ｅ５系は、２０１２年度末には宇都宮～盛岡間の最高速度を３２０㎞／ｈに引き上げる予定で、これにより所要時間は５分程度短縮されるといわれている。当初は３

60km／hを予定していた最高速度は、環境対策や費用対効果を考えた結果、320km／hが妥当という考えになったが、それでも実現すればヨーロッパの数字に並ぶことになる。

ところで「はやぶさ」といえば、2010年に地球への帰還に成功した宇宙航空研究開発機構（JAXA）の小惑星探査機が有名だが、乗り物の分野では新幹線以外にも、スピードを自慢にした「はやぶさ」がいる。1999年に発売され、2輪車で初めて300km／hをマークした「スズキGSX1300Rハヤブサ」である。名前の由来はもちろん新幹線同様、鳥の隼だ。隼は地球上で最速の動物といわれ、獲物を追って急降下するときの速度は300km／hに達するといわれる。その名を受け継いで発売されたハヤブサは、実測で312km／hを達成したことで、ギネスブックにその名が記録された。だが、あまりの高性能に、ヨーロッパのライバルから「危険である」とクレームがつき、これ以降300km／hを超える市販2輪車の発売が自粛されたというエピソードまで持つ。新幹線とは違う意味で、国際ルールを確立した日本の乗り物なのである。2007年にはモデルチェンジで「ハヤブサ1300」と名を変えつつ、現在も販売が続けられている。

隼の名前が乗り物に使われたのはこれが初めてではなく、第2次世界大戦中には日本陸軍一式戦闘機の愛称となり、戦後1958年には東京と九州を結ぶ寝台特急の名称として起用され、2

009年まで走り続けた。本書で取り上げる鉄道、自動車、航空の3分野すべてに使われた貴重な称号である。

日本製SSTは実現するか

コンコルドの引退によって、営業運航を行なうSSTはいなくなった。となると、現時点でどの旅客機が最速かという興味を持つ人もいるだろう。そこでボーイングとエアバスで現在、使用中の主な旅客機の巡航速度（最高速度ではない）を調べてみると、ボーイング747はマッハ0・84～マッハ0・855、777はマッハ0・84、エアバスA330・A340はマッハ0・82～0・83、A380はマッハ0・85と、依然として747が僅差でトップに立っているが、その差はわずかであり、横並びという表現が近い。この状況から見る限り、現在の旅客機はスピードを追求していないことが窺える。

しかし、人類はSSTをあきらめたわけではない。21世紀に入ってからも、いくつかの国で研究開発が進められている。わが国も例外ではない。前出の小惑星探査機「はやぶさ」で注目を集めたJAXAでも、SSTの研究に取り組んでいる。

JAXAは2003年10月、1990年代からSSTの研究を行なっていた航空宇宙技術研究所（NAL）、1969年に生まれた宇宙開発事業団（NASDA）、1964年に生まれた東京大学宇宙航空研究所を母体として1981年に設立された宇宙科学研究所（ISAS）の3組織を統合する形で設立された機関である。このうちNASDAの初代理事長には、東海道新幹線開業に尽力した島秀雄が就任している。当時、日本の宇宙開発部門と協力関係を結んだアメリカNASAは、新幹線のシステムを高く評価していた。世界最先端の技術を持つNASAとの関係を重視して、宇宙の分野は未経験の島が抜擢されたのだ。島が理事長を務めたのは1977年まで、1998年にはこの世を去っているのだが、この人事によって鉄道と航空宇宙の分野間にパイプが構築され、新幹線の技術や精神がSSTの研究開発に生かされる可能性が出てきた。

一方NALでは、1996年から開始していた「次世代超音速機技術の研究開発」を引き継ぐ形で、全長11・5m、全幅4・72mの小型超音速実験機を製作し、2002年7月にオーストラリア中南部にあるウーメラ実験場で、補助ロケットとともに打ち上げる方式での飛行実験を行なっている。ウーメラ実験場はもともと軍事施設として開設されたが、その後航空宇宙関連の実験にも使われるようになり、「はやぶさ」の帰還場所にも選ばれた。12・7万平方㎞もの広さを持つ立ち入り制限区域である。

2002年の飛行実験は、打ち上げ直後に実験機がロケットから脱落してしまったために失敗

JAXAによる超音速機の実験（写真提供：JAXA）

に終わった。しかし、プロジェクトはＪＡＸＡに受け継がれ、２００５年10月には同じウーメラで第２回実験が行なわれている。実験機は打ち上げ72秒後、高度１万９０００ｍでロケットと分離し、マッハ２で滑空しながら約８００点に及ぶデータを取得した後、パラシュートとエアバッグを使って着地しており、実験は成功に終わっている。

一方、２００９年９月にはスウェーデンにおいて、同国のサーブが中心となって開発・生産した超音速戦闘機「ＪＡＳ39グリッペン」を用いることで、地表と標高１０００ｍの２地点でソニックブームの計測実験を実施している。

ＪＡＸＡではこれらの実験結果をもとに、２０２０年にはマッハ２、２００～３００人乗りで、騒音や燃費、ソニックブーム低減などの環境対策も施した次世代ＳＳ

Tの飛行に漕ぎつけ、2025年にはマッハ5の極超音速機の実現を目指すべく、研究開発を続けていくとしている。

これを受けて2006年には、JAXAとIHI（当時は石川島播磨重工業）、川崎重工業などが、NASAやボーイングと共同で、次世代SSTの開発に乗り出すと報じられた。日本側はエンジン配置の工夫で騒音を抑え、空気抵抗を減らして燃費を伸ばし、ソニックブームを抑えつつ、200〜300人乗りで東京〜ロサンゼルス間を現在の半分の5時間で結ぶことを目標としている。

一方、国内の航空宇宙関連企業が会員となって組織されている日本航空宇宙工業会（SJAC）は2003年11月、日仏航空宇宙シンポジウムを開催したが、このとき来日したフランス宇宙工業会（GIFAS）会長フィリップ・カミュは、両国の航空宇宙産業の協力を提唱した。これが契機となって、SJACは2005年6月にパリ航空ショー会場において、GIFASとの間で超音速技術に関する共同研究を開始するための枠組み合意に調印した。その後は年1回の割合でワークショップを、東京とパリの2都市で交互に開催している。高速鉄道ではライバルになる両国が、SSTでは手を結んでいるという構図が興味深い。

ランボルギーニの未来は

２００1年に発表されて以来、ムルシエラゴのV型12気筒エンジンは６・２ℓ５８０psのままだった。２００6年3月のジュネーブショーで、その心臓に初めて手が加えられた。排気量が６・５ℓに拡大され、パワーが６４０ps、トップスピードは３４０km／hにアップしたのである。これにともないボディやインテリアの改良が実施されたが、それ以上の注目点は、車名が「ムルシエラゴＬＰ６４０」に変更されたことだった。カウンタック時代におなじみだったＬＰ＋３桁数字の名称が復活したのである。3桁数字はカウンタックのときのような排気量ではなく、最高出力の数字を示していた。しかしＬＰ６４０の5文字は、あらためてランボルギーニにおけるカウンタックの影響力の大きさを証明することになった。このとき発表されたＬＰ６４０はクーペだけだったが、年末のロサンゼルスショーではロードスターもＬＰ６４０にモデルチェンジしている。

ところで、フェラーリはＬＰ６４０のデビューと同じ場で、５７５Ｍマラネロの後継車として「５９９」を発表している。V型12気筒エンジンはあのエンツォ用をベースにした６ℓに切り替えられ、ムルシエラゴに迫る６２０psを記録していた。しかしオールアルミ製ボディが１７５０kg

と重かったこともあり、最高速度は３３０km／h以上とやや控えめだった。そもそも５９９は、５５０や５７５Mマラネロに続いて、フロントエンジン方式を採用していた。かつてのカウンタック対BBの時代とは違い、両者はライバル同士とはいえない関係になりつつあったのである。

２００７年9月のフランクフルトショーでは、ムルシエラゴを名乗らない初のムルシエラゴ、「レヴェントン」が発表されている。戦闘機をイメージしたというデザインはエッジが強調され、最高出力は10ps高められていたが、それよりも20台限定、価格１００万ユーロという数字に注目が集まった。ランボルギーニのカリスマ性を証明したモデルといえた。

これに続いて2年後には、ディアブロ時代に存在したSVの称号が、３５０台限定生産の「ムルシエラゴLP６４０‐４スーパーヴェローチェ」として復活する。‐４は４WDを示す記号で、前年発表されたガヤルドの進化形LP５６０‐４に倣ったものだった。スーパーヴェローチェでまず目立つのは軽量化で、ボディはフェンダーなどをカーボンファイバー製とし、室内の一部もカーボンに置き換えるとともにバケットシートを装着したほか、フレーム構造も見直すことで、LP６４０より１００kg軽い１５６５kgを実現している。エンジンは６・５ℓのままだったが、3段階可変式吸気システムなどにより、パワーは１００万ユーロカーのレヴェントンさえ凌ぐ６７０psをマークしていた。この結果、レヴェントンではLP６４０‐４と同じだった最高速度は

342km／hと、2km／hだけ上昇している。

同時に「LP650‐4ロードスター」も50台限定で発表。こちらは名前で分かるようにLP640ロードスターの進化形で、最高出力は名前が示すとおり650psにアップしていた。さらに同年9月のフランクフルトショーでは、「レヴェントン・ロードスター」まで登場した。スーパーヴェローチェと同じ670psエンジンを積んだこの車種、生産台数はクーペ同様20台で、価格は10万ユーロ上乗せした110万ユーロになっていた。

2010年になると、次期V12スーパーカーの噂が各所で聞かれるようになる。ところがランボルギーニは新型を出す前に、ムルシエラゴの生産を終えてしまった。その日は11月5日。これにより、経営破綻直後にも途切れることがなかったカウンタックからの系譜に、終止符が打たれることになった。

しかしランボルギーニは、後継車の開発を放棄したわけではなかった。その証拠に、10日後、3年前から開発されていた新型エンジンとトランスミッションの情報を公開すると、2011年3月に開催されたジュネーブショーで新型車「アヴェンタドールLP700‐4」を発表したからである。

エンジンはバンク角60度のV型12気筒で、排気量は6・5ℓのままだがショートストロークと

ランボルギーニ・アヴェンタドールLP700-4（写真提供：アウトモビリ ランボルギーニ）

なり、エンツォ・フェラーリを超える700psをマークしつつ、CO_2排出量は2割減少したという。重量が235kgと約20kg軽くなったことも改良点に挙げている。このエンジンの前方に位置するトランスミッションは、電子制御シングルクラッチのままだが、ギア数は6速から7速になった。ムルシエラゴまでは選択可能だったMTは設定されない。4WDにはビスカスの代わりに電子制御カップリングを採用している。

ボディはカーボンファイバー製モノコックを基本としており、車両重量は1575kgと、軽量化を徹底したムルシエラゴLP640-4スーパーヴェローチェと同等に抑えている。最高速度は350km／hと、新世代のランボルギーニにふさわしい数字を実現。その一方で、鋭く尖ったスタイリングは、跳ね上げ式ドアとともに、カウンタックからムルシエラゴまで続いた12気筒ランボルギーニの伝統を色濃く継承している。

２０１０年のジュネーブショーでは、フェラーリやポルシェがハイブリッドカーのプロトタイプを出展しており、スーパーカーにもエコの波が押し寄せつつあることを示していた。その中でランボルギーニは敢えて、わが道を進むことを選んだ。たしかに細部はアップデートされている。しかし自然吸気のＶ12エンジンを積み、前方にトランスミッションを配置する基本構造は、カウンタックの時代から不変である。どんなに優秀な経営者でも、ランボルギーニといえばカウンタックという不文律を崩すことはできないのかもしれない。

新幹線は国際競争に勝てるか

鉄道の最高速度記録は、磁気浮上式は日本、それ以外ではフランスが保持していることは前に書いた。では営業列車による最高速度はというと、なんと中国がレコードホルダーになっている。２００３年12月29日から営業運転を開始した上海トランスラピッドで、最高速度は４３０㎞／ｈである。

トランスラピッドとは、日本とともに早くから磁気浮上鉄道の研究を進めていたドイツで、１９７８年に結成された企業連合の名称だ。１９９３年６月には試験走行で４５０㎞／ｈを出すなどの実績を残している。それ以前から自動車のフォルクスワーゲンなどでドイツと関係を持っていた中国では、この技術を上海の浦東空港と市内中心部とのアクセス輸送手段として採用することを2000年6月に決定した。その結果誕生したのが上海トランスラピッドなのである。

これに続いて2004年4月には、磁気浮上式ではない高速鉄道も、日本以外のアジアで走り始めている。1990年に事業計画が発表された韓国高速鉄道（KTX）で、まずソウル〜東大邱間が部分開通し、2010年に釜山までが全通している。こちらはフランスTGVの技術が採用されていた。

韓国とフランスの結びつきは薄いように思われるが、実際はそうではない。同国を代表するエアライン大韓航空は、エアバスの第1号機A300を、生産国のエールフランス、ルフトハンザに続き導入した経緯を持つ。またサムスンの自動車部門は、現在ルノーグループに属している。以前からフランスの輸送機器企業とは浅からぬ関係にあったのである。

日本の隣国である中国や韓国が、なぜヨーロッパの技術を用いて高速鉄道を敷設したのか。日中や日韓の複雑な関係があるためだという主張もある。しかし前述したように、両国と欧州には以前から相応のパイプが築かれていた。これも2つの決定に影響したのではないかと思われる。

さらにヨーロッパの高速鉄道は、欧州域内では以前から車両の乗り入れを行なっており、技術交流も盛んだった。これは１９９３年にヨーロッパ連合（ＥＵ）が発足したことを受け、ＥＵ全域で通用する技術仕様書（ＴＳＩ）や欧州規格（ＥＮ）が制定されたことが大きい。

日本ではＪＲと地下鉄などの会社間で行なわれている乗り入れが、ヨーロッパでは国レベルで実施されている。その際のルールを規定しているのがＴＳＩやＥＮである。新たに高速鉄道を導入する国にとって、国際的な規格が存在することは、信頼面ではプラスになる。これもアジアの鉄道にヨーロッパが進出している理由と見ることができる。

さらにヨーロッパでは国を挙げた高速鉄道システムの売り込みも早くから行なってきており、組織が確立している。たとえばフランスでは、政府、国鉄、国鉄系コンサルティング会社のシストラ、車両製造会社のアルストムが一体となって各国に出向き、受注活動を展開している。

対する日本は、国際的に通用する規格を持たず、鉄道会社や車両製造会社は複数存在するうえに、政治力も弱いことから、後手に回ってきた感は否めない。しかし高速鉄道においては、世界の先駆者であることもたしかである。近年はその技術力を武器に、欧州勢に対抗して海外展開を図りつつある。

新幹線技術が初めて輸出されたのは台湾高速鉄道で、台北と高雄市左営との間が２００７年１月に開業した。当初はヨーロッパの技術が導入される計画だったが、１９９９年の台湾大地震を契機に、インフラは欧州方式のまま、車両のみ耐震性にすぐれた日本製を採用することで決着したのだった。

また、2009年に開通した英国ロンドンと英仏海峡トンネル間の高速鉄道では、フランス側へ直通するユーロスターと並び、国内の高速列車が設定されているが、ここでは日立製作所が設計製作した車両が採用されている。

中国では磁気浮上式ではない高速鉄道の敷設も熱心で、2005年に建設が本格化し、3年後の2008年8月に最初の路線である北京~天津間が開通した。その後も急ピッチで建設が進み、現在は日本の新幹線の総距離を上回っている。車両は日本、ドイツ、フランスから技術供与を受けつつ、国内企業で生産するという自動車と同じ方式であるが、最高速度は基本となった母国の車両を上回り、350km/hで運行している。また2010年12月には、試験走行で486・1km/hと、営業用車両による世界記録を更新した。つまり営業列車においては、磁気浮上式以外でも中国が最高速度の記録保持国となる。ただし、ドイツや中国の磁気浮上式鉄道が、車両側に電磁石を使っているのに対し、JRではより大きな浮上高が得られる超電導方式を採用しており、高速性能や耐震性能では日本式が有利なのも事実だ。

高速鉄道をめぐる国際競争は、今後さらに激化することが予想される。現時点でも、アメリカやブラジルなどで受注合戦が繰り広げられている。日本の新幹線が世界最高峰の地位であり続けるためには、高速性能や安全性能だけでなく、政治の世界での勝負も関係してくるのではないだろうか。

その意味では、ランボルギーニがＶＷグループのアウディ傘下に入ったことは、幸運だったかもしれない。グループ内にブガッティやベントレーが存在するために、最高峰の座に就くことは難しくなったが、カウンタックの精神を継承するスーパーカーがグローバルに展開するうえで、世界各地に進出しているＶＷが後ろ盾になっていることは、またとない力になるからである。

残念ながらコンコルドは後継機を迎えないまま引退してしまったが、安全対策や環境対策を含めて考えれば、ＳＳＴは１～２国だけで開発できる乗り物ではなくなっていることも事実である。こちらは開発の分野でグローバルな体制が不可欠になりつつあるのだ。その中にＪＡＸＡを核とする日本が仲間入りし、新幹線に続いて超高速の系譜に名を連ねることを望みたい。

おわりに

本書を執筆するにあたり、さいたま市の「鉄道博物館」、フランスのルブルージェ市にある「航空宇宙博物館」、イタリアのサンタアガタ・ボロネーゼ市にある「ランボルギーニ博物館」に足を運ぶ機会に恵まれた。そこで新幹線0系、コンコルド、カウンタックと、あらためて対面した。現役生活を終え、いくばくかの時間が経過したことで、登場当時は尖鋭的だった佇まいには、いくぶん丸みが備わっていたように見受けられた。だがその一方で、挑戦者としての気概もまた、いまなお濃厚に漂っていた。

そう、本書の主役たちは、すべて挑戦者だった。

東海道新幹線が生まれた最大の目的は、東海道本線の輸送力増強であるが、その建設は第2次世界大戦で敗れた日本が、欧米に対する科学技術の遅れを取り戻すべく、復興の象徴として遂行した国家プロジェクトでもあった。同じ第2次世界大戦後、いち早くジェット旅客機の実用化に成功したものの、遅れて参入したアメリカに覇権を握られたイギリスとフランスの航空機産業が、巻き返しの一手として開発したのがコンコルドだ。ランボルギーニは、フェラーリを所有していた実業家が、フェラーリを超えるスポーツカーを作りたいという意志のもとで誕生した会社であり、カウンタックはもちろん、その系譜の上にある。

その結果、新幹線は高速鉄道の先駆者として、世界中に影響を与えるまでになった。コンコルドのフォロワーは生まれなかったが、孤高の存在として君臨し続けた。カウンタックのライバルは数多く登場したが、スーパーカーの代表として語られるのは、いまなおこの車種である。挑戦者として生まれつつ、その分野の頂点に立ったという点でも、3つの乗り物は共通している。だからこそ、いまなお多くの人々の心を引きつけてやまないのではないだろうか。そしてもうひとつ、三者に共通するのは、速いものは美しいという、乗り物以外の世界でもひんぱんに使われてきた表現が当てはまることである。

アメリカの建築家ルイス・サリヴァンが残した有名な言葉に、「形態は機能に従う（フォルム・フォローズ・ファンクション）」がある。3つの乗り物は、それを具現化した。前人未到の世界を目指すのに、装飾にこだわっている余裕などないという事情があったのかもしれないが、どれも機能美という言葉が似合う。これもまた、根強い支持を受けている理由ではないかと考える。

もちろんその生涯は、三者三様だ。新幹線0系は引退したが、後継車は順調に育ち、技術は海外にも展開している、カウンタックは会社の経営権が何度も変わったなかで生き続け、3度のモデルチェンジを経て現在に至っている。しかしコンコルドだけは、一代限りでその系譜が途絶えてしまった。

しかし、この結果だけを取り上げて、「新幹線はなぜ成功し、コンコルドはなぜ失敗したか」といった論調で、三者を語ることだけは避けたかった。なぜならこの3つの乗り物が紡いだ歴史は、人類の夢の結晶そのものであり、20世紀の文化遺産に値すると考えているからである。

もっとも歴史の浅い飛行機でさえ、すでに誕生から1世紀を経過している。鉄道や自動車を含め、そろそろ技術的側面だけでなく、文化的側面で語る時期が到来したのではないかと私は考えている。その象徴といえるのが、20世紀後半に最速に挑んだ三者の物語ではないかと考えている。

地球環境問題が深刻化している昨今、エコに逆行する超高速の移動手段は必要ないという声もある。しかしそんな人でさえ、オリンピックが始まれば「誰がいちばん速いか」「世界新記録は出たか」が気になり、自然とテレビの前に釘付けになる。人間にとってのスピードとは、必要か否かで論じるべきものではないことがわかる。速さを求めるのは人間の本能であり、本書で取り上げた3つの乗り物は、人間の本能の結晶として後世に長く語り継ぐ存在でないかと思うのである。

最後になりましたが、本書をまとめるにあたり、交通新聞社および編集担当の邑口亨さんをはじめ、JR東日本・東海・西日本・九州各社、エールフランス航空、ランボルギーニジャパンほか、関係機関・企業には大変お世話になりました。この場を借りて厚くお礼申し上げます。

2011年3月　森口将之

主な参考文献

青田　孝「ゼロ戦から夢の超特急　小田急ＳＥ車世界新記録誕生秘話」（交通新聞社新書）
石川潤一「旅客機発達物語　民間旅客機のルーツから最新鋭機まで」（グリーンアロー出版社）
井上孝司「超高速列車　新幹線対ＴＧＶ対ＩＣＥ」（秀和システム）
梅原　淳「新幹線『徹底追究』謎と不思議」（東京堂出版）
海老原浩一「新幹線～高速大量輸送のしくみ」（交通研究協会発行／成山堂書店発売）
海老原浩一「新幹線『夢の超特急』の20年」（日本交通公社）
エリック・エッカーマン／松本廉平訳「自動車の世界史」（グランプリ出版）
エリック・シノッティ　ジャン・バティスト・トレブル／湧口清隆訳「ヨーロッパの超特急」（白水社）
おおば比呂志「私の航空博物館」（東京堂出版）
奥山俊昭・神田重巳「ル・マン24時間レースの伝統・その記録」（美智出版発行／ネコ・パブリッシング発売）
折口　透「自動車の世紀」（岩波書店）
影山　夙「自動車『進化』の軌跡　写真で見るクルマの技術発達史」（山海堂）
加藤一郎監修／ダイヤモンド社編「東海道新幹線　高速と安全の科学」（ダイヤモンド社）
加藤寛一郎「超音速飛行『音の壁』を突破せよ」（大和書房）
鴨下示佳「飛行機No1図鑑」（グランプリ出版）

北川修三「上越新幹線物語1979　中山トンネル　スピードダウンの謎」（交通新聞社新書）
久世紳二「形とスピードで見る　旅客機の開発史　ライト以前から超大型機・超音速機まで」（社団法人日本航空技術協会）
窪園豪平「シリーズ（21世紀の最先端技術）リニアモーターカー」（一ツ橋書店）
小島英俊「『世界の鉄道』趣味の研究」（近代文芸社）
小島英俊「流線型列車の時代　世界鉄道外史」（NTT出版）
佐藤芳彦「新幹線テクノロジー　0系から800系九州新幹線の高速車両技術」（山海堂）
佐藤芳彦「世界の高速鉄道」（グランプリ出版）
佐藤芳彦「図解TGV vs 新幹線　日仏高速鉄道を徹底比較」（講談社）
C・C・ドーマン／前田清志訳「スティーブンソンと蒸気機関車」（玉川大学出版部）
GP企画センター編「日本自動車史年表」（グランプリ出版）
Jean-Philippe Lemaire/Xavier Deregel「Concorde Passion」（Editions LBM）
新星出版社編「カラー版徹底図解　飛行機のしくみ　最新の機体の構造から操舵システムのしくみまで」（新星出版社）
菅　建彦「英雄時代の鉄道技師たち　技術の源流をイギリスにたどる」（山海堂）
須田　寛「東海道新幹線　その足どりとリニアへの展望」（大正出版）
高橋団吉「新幹線をつくった男　島秀雄物語」（小学館）
高畠　潔「イギリス鉄道のはなし／続イギリス鉄道のはなし」（成山堂書店）

谷川一巳「旅客機雑学のススメ1／2」（山海堂）
中部　博「自動車伝来物語」（集英社）
西澤泰彦「図説満鉄～満洲の巨人」（河出書房新社）
ネコ・パブリッシング編「ワールド・カー・ガイド3フェラーリ／19ランボルギーニ／20マセラティ」
（ネコ・パブリッシング）
根本　智「パイオニア飛行機ものがたり」（オーム社）
野沢　正／片桐敏夫／堀江　豊「ソ連の翼　ソ連航空の全貌」（朝日ソノラマ）
原口隆行編著「読む・知る・愉しむ　新幹線がわかる事典」（日本実業出版社）
ブライアン・トラブショー／小路浩史訳「コンコルド・プロジェクト　栄光と悲劇の怪鳥を支えた男たち」
（原書房）
前間孝則「弾丸列車～幻の東京発北京行き超特急」（実業之日本社）
前間孝則「日本はなぜ旅客機をつくれないのか」（草思社）
Matthew Lynn　清谷信一監訳／平岡　護・ユール洋子訳「ボーイングVSエアバス」
（アリアドネ企画発行／三修社発売）
山之内秀一郎「新幹線がなかったら」（東京新聞出版局）
吉川康夫「航空の世紀」（技報堂出版）
吉中　司「テクノライフ選書　エンジンはジェットだ！」（オーム社）
読売新聞社編「ジェット旅客機　コメット、B707からジャンボ、B767、A320まで」（読売新聞社）

森口将之（もりぐちまさゆき）
モビリティジャーナリスト、モータージャーナリスト。1962年東京都生まれ。自動車専門誌の編集部を経て1993年に独立。雑誌、インターネット、ラジオなどで活動。ヨーロッパ車を得意としており、新車だけでなく、趣味としての乗り物である旧車の解説や試乗も多く担当する。試乗以外でも海外に足を運び、現地の交通事情や都市景観、環境対策などを取材。二輪車や自転車にも乗り、公共交通機関を積極的に使うことで、モビリティ全体におけるクルマのあるべき姿を探求している。日本自動車ジャーナリスト協会、日仏メディア交流協会、日本デザイン機構、各会員。著作に「パリ流　環境社会への挑戦」（鹿島出版会）など。

交通新聞社新書028
最速伝説―20世紀の挑戦者たち
新幹線・コンコルド・カウンタック
（定価はカバーに表示してあります）

2011年4月15日　第1刷発行

著　者――森口将之
発行者――山根昌也
発行所――株式会社　交通新聞社
http://www.kotsu.co.jp/
〒102-0083　東京都千代田区麹町6-6
電話　東京（03）5216-3220（編集部）
　　　東京（03）5216-3217（販売部）

印刷・製本―大日本印刷株式会社

ISBN978-4-330-20911-1

読む・知る・楽しむ鉄道の世界。

松本清張生誕100年―その作品と鉄道。
「清張」を乗る―昭和30年代の鉄道シーンを探して
岡村直樹／著
ISBN978-4-330-11109-4

山形新幹線のカリスマ・アテンダントに密着取材。
「つばさ」アテンダント驚きの車販テク―3秒で売る山形新幹線の女子力
松尾裕美／著
ISBN978-4-330-12210-6

南の島の鉄道史―日本統治時代への旅。
台湾鉄路と日本人―線路に刻まれた日本の軌跡
片倉佳史／著
ISBN978-4-330-12310-3

地域の宝を守れ―日本のローカル線案内。
乗ろうよ！ ローカル線―貴重な資産を未来に伝えるために
浅井康次／著
ISBN978-4-330-13610-3

「冷めてもおいしい」の追求―東京の駅弁物語。
駅弁革命―「東京の駅弁」にかけた料理人・横山勉の挑戦
小林祐一・小林裕子／著
ISBN978-4-330-13710-0

鉄道の歴史とともに作り出された時間の世界。
鉄道時計ものがたり―いつの時代も鉄道員の〝相棒〟
池口英司・石丸かずみ／著
ISBN978-4-330-14410-8

トンネル内の半径1500メートルのS字カーブはなぜ？
上越新幹線物語1979―中山トンネルルート変更の決断
北川修三／著
ISBN978-4-330-14510-5

人と環境に優しい「街のあし」の過去、現在、未来。
進化する路面電車―超低床電車はいかにして国産化されたのか
史絵・梅原淳／著
ISBN978-4-330-14610-2

全国気になる「駅そば」食べ歩きの旅。
ご当地「駅そば」劇場―48杯の丼で味わう日本全国駅そば物語
鈴木弘毅／著
ISBN978-4-330-15510-4

「国鉄野球」全記録―野望はまだ続いている？
国鉄スワローズ1950-1964―400勝投手と愛すべき万年Bクラス球団
堤 哲／著
ISBN978-4-330-15610-1